高级技工学校电气自动化设备安装与维修专业

安全用电（第二版）

习题册

周照君　主编

中国劳动社会保障出版社

简　介

本习题册是高级技工学校电气自动化设备安装与维修专业教材《安全用电》（第二版）的配套用书。习题册按照教材章节编排，内容紧扣教材的教学要求，注重基础知识的巩固和基本能力的培养，知识点分布均衡，题型丰富，难易适当，有助于学生复习巩固所学知识。

本习题册由周照君主编，阎伟、刘长军、张宏伟参加编写。

图书在版编目（CIP）数据

安全用电（第二版）习题册／周照君主编. -- 北京：中国劳动社会保障出版社，2024. --（高级技工学校电气自动化设备安装与维修专业）. -- ISBN 978－7－5167－6663－7

Ⅰ. TM92-44

中国国家版本馆 CIP 数据核字第 2024B723X5 号

中国劳动社会保障出版社出版发行

（北京市惠新东街 1 号　邮政编码：100029）

*

北京市鑫霸印务有限公司印刷装订　　新华书店经销

787 毫米 × 1092 毫米　16 开本　4.75 印张　113 千字

2024 年 10 月第 1 版　　2025 年 8 月第 2 次印刷

定价：10.00 元

营销中心电话：400-606-6496

出版社网址：http://www.class.com.cn

http://jg.class.com.cn

目　录

第一章 触电与触电防护

§1-1 电气事故基本知识

一、填空题（将正确的答案填写在横线上）

1. ________是指对电气设备进行运行、维护、安装、检修、改造施工、调试等作业。

2. 电工作业包括______________、______________、______________、____________和____________等。

3. 电气事故具有________，且其________是可以被人们认识和掌握的。

4. ____________是为了保证安全生产而制定的、操作者必须遵守的操作活动规则。

二、选择题（将正确答案的序号填入括号中）

1. 安全用电是以（　　）为目标的。

A. 生产　　B. 安全　　C. 发展　　D. 管理

2. 下列（　　）不是发生家庭触电事故的原因。

A. 私自乱拉、乱接电线

B. 用湿手摸或用湿布擦灯具、开关等电器用具

C. 在电加热设备上覆盖和烘烤衣物

D. 电线绝缘老化，出现漏电

3. 下列（　　）不是发生电气事故的原因。

A. 没有采取安全防护措施防范高压

B. 电线绝缘老化，出现漏电

C. 没有采取防火防爆措施

D. 私自乱拉、乱接电线

4. 洗衣机、电冰箱等家用电器的金属外壳应连接（　　）。

A. 地线　　B. 中性线

C. 相线　　D. 以上均可

5. 家用电器的开关应接在（　　）上。

A. 地线　　B. 中性线

C. 相线　　D. 以上均可

6. 接到严重违反电气安全工作规程制度的命令时，应该（　　）执行。

A. 考虑　　B. 部分

C. 拒绝　　D. 以上均可

三、判断题（正确的打“√”，错误的打“×”）

1. 应定期检查线路和设备的工作情况，及时对其进行维护和保养。（　　）

2. 使用湿布擦灯具、开关等电器用具时应断电。（　　）

3. 不可私自乱拉、乱接电线，不可盲目安装、修理电气线路或电器用具。 ( )

4. 电视机室外天线安装可以高出楼体避雷针。 ( )

5. 不可在电加热设备上覆盖和烘烤衣物。 ( )

6. 在高压线路附近施工时，应采取安全防护措施。 ( )

7. 电工作业人员应经过专业培训，持证上岗。 ( )

8. 不能随意用手接触各种电源插头、电灯或其他电器的电线。如果电器和电线受潮或绝缘损坏，要及时更换和处理。 ( )

9. 停电设备若没有做好安全措施，则仍认为有电。 ( )

四、简答题

1. 你经历或听说过哪些电气事故？试分析其发生的原因。

2. 高压电工作业与低压电工作业有何区别？

3. 电气事故的特点有哪些？

4. 家庭用电安全应注意哪些方面？

§1-2 触电方式

一、填空题（将正确的答案填写在横线上）

1. 触电是指电流流过人体时对人体产生的________和________伤害。

2. 最常见的电伤有____________、____________、____________三种。

3. 按照通过人体电流大小的不同，以及人体呈现状态的不同，可将电流分为____________、____________、____________三种。

4. 电击可分为____________和____________两种。

5. 电击常会给人体留下较明显的特征，如________、________、________。

6. 人体电阻主要包括人体____________和____________，人体电阻一般为1 500~2 000 Ω。

7. 我国把安全电压的额定值分为________、________、________、________和________五个等级。

8. 常见的人体触电形式有__________、__________和__________。

二、选择题（将正确答案的序号填入括号中）

1. 一般情况下，大于（　　）mA 的交流电流或大于（　　）mA 的直流电流流过人体时，就可能危及生命。

A. 10　50　　B. 50　100　　C. 100　100　　D. 50　50

2. 对人体危害最大的频率是（　　）Hz。

A. 30~100　　B. 50~60　　C. 200　　D. 20

3. 工作面积狭窄且操作者易大面积接触带电体的场所，安全电压的额定值为（　　）V。

A. 42　　B. 36　　C. 24　　D. 12

4. 在潮湿场所，如矿井、多导电粉尘及类似场所使用的行灯等，其安全电压为（　　）V。

A. 36　　B. 24　　C. 12　　D. 6

5. 正常情况下的电击称为（　　）。

A. 直接电击　　B. 间接电击　　C. 电灼伤　　D. 电烙印

6. （　　）是触电事故中最危险的一种。

A. 电烙印　　B. 皮肤金属化　　C. 电灼伤　　D. 电击

7. 人体组织中有（　　）以上是由含有导电物质的水分组成的，因此，人体是电的良导体。

A. 20%　　B. 40%　　C. 60%　　D. 80%

8. 触电时人体所受威胁最大的器官是（　　）。

A. 心脏　　B. 大脑　　C. 皮肤　　D. 四肢

9. 人体能够摆脱的握在手中的导电体的最大电流称为安全电流，约为（　　）mA。

A. 10　　B. 100　　C. 200　　D. 2 000

10. 人体需要长期触及器具上带电体的场所应采用的安全电压为（　　）V。

A. 42　　B. 36　　C. 24　　D. 6

11. 电气设备或电气线路发生火灾时应立即（　　）。

A. 设置警告牌或遮栏　　B. 用水灭火

C. 切断电源　　D. 用沙灭火

12. 机床上的低压照明灯，其电压应不超过（　　）V。

A. 110　　B. 36　　C. 12　　D. 6

13. 通过人体的电流大小与致命的危险性（　　）。

A. 成正比　　B. 成反比　　C. 无关　　D. 其他

14. 在金属容器内工作时，照明电压应选用（　　）V。

A. 12　　B. 24　　C. 36　　D. 6

三、判断题（正确的打“√”，错误的打“×”）

1. 各种触电事故中，最危险的一种是电灼伤。（　　）
2. 触电引起的二次事故属于电气事故。（　　）
3. 摆脱电流是指人能自主摆脱的通过人体的最大电流。（　　）
4. 人体的电阻主要是指皮肤电阻。（　　）
5. 为了保障人身安全，在正常情况下，电气设备的安全电压应不超过 36 V。（　　）
6. 绝大部分触电死亡事故都是由电伤造成的。（　　）
7. 直接电击是指电气设备发生故障后，人体触及意外带电部分所发生的电击。（　　）
8. 禁止将地线接到水管、煤气管等埋于地下的管道上使用。（　　）
9. 有经验的电工，停电后不需要再用验电笔测试设备是否带电便可进行检修。（　　）

四、简答题

1. 什么是安全电压？

2. 什么是电击？什么是电伤？

3. 简述电击和电伤的特征与危害。

4. 什么是间接电击？

5. 简述触电的常见原因与预防措施。

§1-3 触电急救

一、填空题（将正确的答案填写在横线上）

1. 触电急救的要点是________和__________。

2. 一旦发现有人触电，周围人员应迅速________，尽快使其脱离电源。

3. ______和________是现场急救的基本方法。

4. 对触电者用药或注射针剂，应由有经验的医生诊断确定，并慎重使用。禁止采取________、________、________或__________等“土”办法。

5. 发现有人在高压设备上触电时，救护者应戴上______、穿上______后拉开电闸。

6. 救护人员登高时应随身携带必要的_______和_________等，并紧急呼救。

7. 救护人员应迅速按简单诊断的方法判定伤员的_____、______和______情况。

8. 对于高压触电造成的电弧灼伤，应先用_________冲洗，再用______涂擦，然后用___________包好，并迅速将伤员送往医院。

二、选择题（将正确答案的序号填入括号中）

1. 最容易掌握、效果最好而且不论触电者有无摔伤均可以施行的心肺复苏方法是（　　）。

A. 胸外心脏按压法　　B. 俯卧压背法

C. 口对口人工呼吸法　　D. 牵手人工呼吸法

2. 对“有心跳而呼吸停止”的触电者，应采用（　　）进行急救。

A. 胸外心脏按压法　　B. 俯卧压背法

C. 口对口人工呼吸法　　D. 牵手人工呼吸法

3. 对“有呼吸而心跳停止”的触电者，应采用（　　）进行急救。

A. 胸外心脏按压法　　B. 俯卧压背法

C. 口对口人工呼吸法　　D. 牵手人工呼吸法

4. 施用胸外心脏按压法时按压与放松的动作要有节奏，以每分钟（　　）次为宜。

A. 20　　B. 80　　C. 50　　D. 100

5. 胸外心脏按压与口对口人工呼吸同时进行，其节奏为单人抢救时，每按压 30 次后吹气（　　）次，反复进行。

A. 1　　B. 2　　C. 5　　D. 10

6. 为使触电者与导电体脱离，救护人员最好（　　）进行。

A. 用一只手　　B. 用两只手　　C. 手脚并用　　D. 以上均可

7. 在救护伤员时，应在现场就地坚持进行心肺复苏，不要为方便而随意移动伤员，如确实需要移动，抢救中断的时间应不超过（　　）s。

A. 10　　B. 20　　C. 30　　D. 60

8. 在救护伤员时，应尽量创造条件，使用（　　）包绕在伤员头部，露出眼睛，使脑部温度降低，争取心肺脑完全复苏。

A. 冰块　　B. 冰袋　　C. 热毛巾　　D. 热水袋

三、判断题（正确的打“√”，错误的打“×”）

1. 抢救过程中应定时对触电者进行再判定。（　　）

2. 未经医生许可绝不允许给心脏停止跳动的触电者注射强心针。（　　）

3. 有人触电时，若一时找不到断开电源的开关，应迅速用绝缘完好的钢丝钳或断线钳剪断电线，以断开电源。（　　）

4. 当触电者心脏停止跳动时，可以停止急救措施。（　　）

5. 对于因导线绝缘损坏造成的触电，急救人员可用手将触电者拖曳开。（　　）

6. 抢救触电伤员的过程中，用兴奋呼吸中枢的可拉明、洛贝林，或使心脏复跳的肾上腺素等强心针剂可代替人工呼吸和胸外心脏按压两种急救措施。（　　）

7. 心肺复苏应在现场就地坚持进行，但为了方便，也可以随意移动伤员。（　　）

8. 当人触电时应迅速进行心肺复苏抢救。（　　）

9. 移动伤员或将伤员送往医院时，应使伤员侧卧在担架上。（　　）

10. 救护人员在确认触电者已与电源隔离，且救护人员本身所涉及的环境安全距离内无危险电源时，方能接触伤员进行抢救。（　　）

11. 高处发生触电时，为使抢救更为有效，应及早设法将伤员送至地面。（　　）

12. 一般性的外伤创面，应先用无菌生理盐水或清洁的温开水冲洗，再用消毒纱布或干净的布包扎，然后将伤员送往医院。（　　）

四、简答题

1. 使触电者脱离低压电源的方法有哪些？有哪些注意事项？

2. 简述口对口人工呼吸法的操作要领。

3. 简述胸外心脏按压法的操作要领。

4. 简述高处触电抢救的具体方法。

5. 当发现因触电摔跌而骨折的伤员时，应如何进行救护？

第二章 安全防护技术及其应用

§2-1 屏护、间距及安全标志

一、填空题（将正确的答案填写在横线上）

1. 为了贯彻“________________，________________”的基本方针，从根本上杜绝触电事故的发生，必须在制度上、技术上采取一系列预防和保护性措施，这些措施统称为________________。

2. 屏护和间距属于防止________、________、____________等电气事故的安全措施。

3. 屏护就是用防护装置将____________和________隔离开来。屏护装置按使用要求分为________屏护装置和________屏护装置；按使用对象分为________屏护装置和________屏护装置。

4. 间距是指____________________之间、________________________之间、______________之间必要的安全距离。

5. 架空线路与道路的最小安全距离（垂直）应符合高压线路不小于_____m、低压线路不小于_____m 的规定。架空线路与特殊管道的最小安全距离（垂直）应符合高压线路不小于_____m、低压线路不小于_____m 的规定。

6. 当电缆与热力管道接近时，电缆周围土壤温升应不超过 10 ℃，超过 10 ℃时，须进行__________。

7. 室内低压配电线路是指 1 kV 以下的______和______配电线路。

8. 颜色标志又称为安全色，用不同的颜色表示不同的含义，其中红色表示__________，黄色表示__________，蓝色表示________，绿色表示________________。

9. ____________是用以表达特定安全信息的标志，它由图形符号、安全色、几何形状（边框）或文字等构成。

10. 电力安全标志按用途可分为_________、_________、_________和_________四大类型。

11. ________是强制人们必须做出某种动作或采用防范措施的图形标志，其基本形式是圆形边框（背景为具有指令含义的蓝色，图形符号为白色）。

12. 常见的安全标志牌有______、______、______等类型。

二、选择题（将正确答案的序号填入括号中）

1. 下面属于永久性屏护装置的是（　　）。

A. 开关的罩盖　　B. 移动工具的围栏

C. 检修工作中使用的护栏　　D. 其他

2. 用于明装裸导线或母线跨越通道时，防止高处坠落物体或上下碰触事故发生的屏护装置是（　　）。

A. 遮栏　　B. 栅栏　　C. 保护网　　D. 护盖

3. 人在 10 kV 及以下带电线路杆上工作时，与带电导线的最小安全距离为（　　）m。

A. 0.7　　B. 1.5　　C. 3.0　　D. 5.0

4. 架空线路与道路的最小安全距离（水平）不宜小于（　　）m。

A. 1　　B. 0.5　　C. 0.3　　D. 0.1

5. 用作保护接地或保护接零的导线颜色为（　　）。

A. 红色　　B. 蓝色　　C. 黄绿双色　　D. 黑色

6. 表示当心触电的安全标志是（　　）。

A. 　　B.

C. 　　D.

7. 表示必须戴防护手套的安全标志是（　　）。

A. 　　B.

C. 　　D.

8. 式样是白底红边、黑字、有红色箭头的是（　　）安全标志牌。

A. 禁止类　　B. 允许类　　C. 警告类　　D. 其他

9. 式样是绿底，中间有直径为 210 mm 的白色圆圈，圈内写黑字的是（　　）安全标志牌。

A. 禁止类　　B. 允许类　　C. 警告类　　D. 其他

10. 提示标志的基本形式是正方形边框，其背景为（　　），图形符号及文字为（　　）。

A. 白色　　B. 蓝色　　C. 黑色　　D. 绿色

11. 竖写在标志杆上部的文字辅助标志均为（　　）衬底、（　　）字。

A. 白色　　B. 蓝色　　C. 黑色　　D. 红色

12. 遮栏用于室内高压配电装置，应牢固、可靠，高度不低于（　　）m。

A. 1.7　　B. 1.3　　C. 0.5　　D. 1.5

13. 遮栏、栅栏等屏护装置上应有（　　）安全标志牌。

A. “在此工作!”　　B. “止步，高压危险!”

C. “禁止合闸，有人工作!”　　D. 其他

14. 安全操作距离是指可以保证操作人员安全的距离，应（　　）安全距离。

A. 小于　　B. 等于

C. 大于　　D. 以上均可

15. 35 kV 设备不停电时的最小安全距离为（　　）m。

A. 0.6　　B. 0.7　　C. 1　　D. 1.5

16. 工作零线用（　　）作为安全色。

A. 黑色/淡蓝色　　B. 红色

C. 灰色　　D. 黄色

三、判断题（正确的打“√”，错误的打“×”）

1. 跟随天车移动的天车滑线屏护装置属于固定屏护装置。（　　）

2. 栅栏一般用于室内配电装置的防护。（　　）

3. 架空线路一般采用单股导线敷设。（　　）

4. 同杆架设时，电力线路应位于弱电线路的上方，高压线路应位于低压线路的上方。（　　）

5. 禁止工作的安全标志，其图形符号为红色，背景为白色。（　　）

6. 安全标志牌在使用过程中严禁拆除、更换和移动。（　　）

7. 禁止标志的基本含义是提醒人们对周围环境引起注意，以避免可能发生的危险。（　　）

8. 提示标志的含义是向人们提供某种信息（如标明安全设施或场所等）。（　　）

9. 栅栏用于室外配电装置时，其高度应不低于 1.5 m，栅条间距和到地面的距离应不小于 0.2 m。（　　）

四、简答题

1. 为了保证屏护装置的有效性，必须满足的条件是什么？

2. 简述多股绞线的优点。

3. 交、直流电路导体及接地线的颜色标志各是什么？

§2-2 绝缘防护

一、填空题（将正确的答案填写在横线上）

1. 绝缘通常可分为________、________和________三种。

2. 绝缘材料所具备的绝缘性能一般是指其承受的电压在一定范围内所具备的性能。绝缘性能包括________、________、________、________以及________，其中最主要的是________和________。

3. 电气性能包括________、________和________。

4. 根据绝缘材料长期正常工作所允许的最高温度，可将绝缘材料分为________、________、________、________和________等耐热等级。

5. 绝缘子用来紧固导线，保护导线对地的绝缘。绝缘子分为______绝缘子和______绝缘子两种。

6. 绝缘事故是指由于________造成的________或________事故。

二、选择题（将正确答案的序号填入括号中）

1. 电气绝缘一般采用（　　）绝缘。

A. 气体　　B. 液体

C. 固体　　D. 以上均可

2. 电工常用工具的绝缘手柄采用（　　）绝缘。

A. 气体　　B. 液体

C. 固体　　D. 以上均可

3. 下列选项中，不属于绝缘防护的是（　　）。

A. 电线电缆的绝缘层　　B. 电线管及管件

C. 工具的绝缘手柄　　D. 家用电器金属外壳接地

4. 电动机由于长时间过载运行致使其定子绕组发生短路事故的原因是（　　）。

A. 绝缘击穿　　B. 绝缘老化　　C. 绝缘升温　　D. 其他

5. 绝缘胶带的耐热等级是（　　）级。

A. 90（Y）　　B. 105（A）　　C. 120（E）　　D. 130（B）

6. 棉纱的工作温度是（　　）℃。

A. 90~105　　B. 105~120　　C. 120~130　　D. 130~155

7. 聚酯漆包线的工作温度是（　　）℃。

A. 90～105　　B. 105～120　　C. 120～130　　D. 130～155

三、判断题（正确的打“√”，错误的打“×”）

1. 为了避免因带电体与其他带电体、导电体或人体等接触而发生短路、触电等事故，必须使带电体绝缘。（　　）

2. 高压强电场、高温和潮湿的环境都能使绝缘材料的电气性能下降，甚至将其击穿，发生漏电或短路事故。（　　）

3. 穿绝缘鞋，戴绝缘手套、防护帽和安全帽都是防止触电的绝缘防护措施。（　　）

4. 在低压电气设备中，促使绝缘材料老化的主要因素是电压波动。（　　）

5. 在高压电气设备中，促使绝缘材料老化的主要因素是局部放电。（　　）

6. 保持配电线路和电气设备的绝缘良好，是保证人身安全和电气设备正常运行的最基本条件。（　　）

四、简答题

1. 什么是绝缘防护？举例说明。

2. 绝缘材料电气性能的好坏与哪些因素有直接的关系？

3. 简述绝缘事故的预防措施。

§2-3　保护接地

一、填空题（将正确的答案填写在横线上）

1. 接地是指将电气设备的某一部位经________与________紧密连接起来。

2. 根据接地的目的不同，接地可分为____________________、____________________、

____________和____________等。

3. 为了电气安全，将________、________或________的一点或多点接地，称为保护接地。

二、选择题（将正确答案的序号填入括号中）

1. 变压器的中性点接地是（　　）。

A. 工作接地　　B. 保护接地　　C. 防雷接地　　D. 无作用

2. 用电设备金属外壳接地是（　　）。

A. 工作接地　　B. 保护接地　　C. 防雷接地　　D. 无作用

3. 避雷针和避雷线是（　　）。

A. 工作接地　　B. 保护接地　　C. 防雷接地　　D. 无作用

4. 在 380 V 不接地低压系统中，为了防止设备漏电时外壳对地电压超过安全范围，一般要求保护接地电阻 $R_E \leqslant$（　　）Ω。

A. 4　　B. 40　　C. 100　　D. 200

5. 如果高压设备与低压设备共用接地装置，要求设备对地电压不超过 120 V，其接地电阻应不超过（　　）Ω。

A. 10　　B. 40　　C. 100　　D. 200

6. 当配电变压器或发电机的容量不超过 100 kV·A 时，由于配电网分布范围很小，单相故障接地电流更小，可放宽对接地电阻的要求，取 $R_E \leqslant$（　　）Ω。

A. 3　　B. 4　　C. 10　　D. 20

7. 在大接地短路电流系统中，当接地短路电流 I_E>4 000 A 时，取 $R_E \leqslant$（　　）Ω。

A. 0.5　　B. 4　　C. 10　　D. 2

8. 安装在配电箱控制盘上的电气仪表，其外壳（　　）。

A. 必须接地　　B. 不必接地　　C. 视情况而定

三、判断题（正确的打“√”，错误的打“×”）

1. 正常情况下没有电流通过的起防止事故作用的接地是工作接地。（　　）

2. 携带式或移动式用电器具的金属底座和外壳接地是保护接地。（　　）

3. 只要适当地控制接地电阻的大小，就能使流过人体的电流小于安全电流，从而保证人身安全。（　　）

4. 正常情况下工作接地没有电流通过。（　　）

5. 电动机、变压器、携带式或移动式用电器具的金属底座和外壳均需保护接地。（　　）

6. 安装在木结构或木杆塔上的电气设备，其金属外壳一般不接地。（　　）

7. 电动机接线盒中的接地螺栓属于保护接地。（　　）

四、简答题

1. 简述工作接地的定义。

2. 保护接地的应用范围有哪些？举例说明。

3. 简述重复接地的定义。

4. 电气设备的哪些金属部分除另有规定外，可不接地？

5. 降低接地电阻的方法有哪些？

§2-4　保护接零和重复接地

一、填空题（将正确的答案填写在横线上）

1. 保护接零是指把电气设备平时不带电的__________部分与______________连接

起来。

2. 保护接零系统分为__________、__________和__________三种方式。

3. 重复接地是指在 TN 系统中，______上除__________以外的__________再次接地。

4. __________用于中性点直接接地的 220/380 V 三相四线配电网。

二、选择题（将正确答案的序号填入括号中）

1. 在三相四线配电网中，如果一根线既是工作零线又是保护零线，用（　　）表示。

A. N　　　　B. PE　　　　C. PEN

2. 在三相四线配电网中，工作零线用（　　）表示。

A. N　　　　B. PE　　　　C. PEN

3. 在保护接零系统中，保护零线与工作零线完全分开的系统是（　　）系统。

A. TN-S　　　　B. TN-C-S　　　　C. TN-C

4. 在保护接零系统中，干线部分保护零线与工作零线完全共用的系统是（　　）系统。

A. TN-S　　　　B. TN-C-S　　　　C. TN-C

5.（　　）系统可用于有爆炸危险、火灾危险性较大或安全要求较高的场所。

A. TN-S　　　　B. TN-C-S　　　　C. TN-C

6.（　　）系统可用于无爆炸危险、火灾危险性不大、用电设备较少、用电线路简单且安全条件较好的场所。

A. TN-S　　　　B. TN-C-S　　　　C. TN-C

7. 同一台变压器供电，（　　）一部分电气设备采用保护接地，另一部分电气设备采用保护接零。

A. 允许　　　　B. 不允许　　　　C. 在一些情况下允许

8. 爆炸危险环境中，如由低压接地系统配电，应采用 TN-S 系统，不得采用（　　）系统。

A. IT　　　　B. TN-C　　　　C. 高阻抗接地

三、判断题（正确的打"√"，错误的打"×"）

1. 同一供电系统中不能同时采用保护接地和保护接零。（　　）

2. 保护零线在短路电流作用下不能熔断。（　　）

3. 在三相四线配电网中，保护零线用 N 表示。（　　）

4. 在中性线断线的情况下，重复接地能减轻中性线断线时触电的危险。（　　）

5. TT 系统是电源中性点直接接地、电气设备的外露可导电部分也直接接地的系统（但这两个接地必须是相互独立的）。（　　）

6. 重复接地可以加速线路保护装置的动作，缩短漏电故障的持续时间。（　　）

7. 各个电气设备的金属外壳可以相互串联后接地。（　　）

8. 在 TN 系统中，个别设备不得混用 TT 方式。（　　）

9. 在 TN-S 系统中，所有用电设备的金属外壳都采用保护接零。（　　）

10. 爆炸危险场所对于接地（接零）方面没有特殊要求。（　　）

11. IT 系统是电源中性点接地、电气设备金属外壳不接地的系统。（　　）

12. TN 系统是电源中性点直接接地、电气设备的外露可导电部分通过保护导体与电源中性点直接进行电气连接的系统。（　　）

13. 车间内宜采用环形重复接地或网络重复接地。（　　）

四、简答题

1. 简述保护接零的原理及适用场合。

2. 简述重复接地的作用。

3. 简述重复接地的要求。

4. 在正常情况下，就单相触电的危险程度而言，IT 系统（在不接地配电网中采用接地保护的系统）与 TN 系统比较，哪个更危险些？为什么？

§2-5 接 地 装 置

一、填空题（将正确的答案填写在横线上）

1. ________是接地体（极）和接地线的总称。

2. 接地体按照敷设方式分为____________和____________。

3. 人工接地体可采用________、________、________或________等材料制成。人工接地体有______埋设和______埋设两种方式。

4. 对于变、配电站的接地装置，应每年检查一次，并于每年干燥季节测量一次______________。

5. 对于避雷针的接地装置，应每___年测量一次接地电阻。

6. 接地干线敷设规范规定，明敷设接地干线穿墙时，应加________保护；跨越伸缩缝时，应做_____补偿。

7. 敷设在土壤中的接地体与混凝土基础中的钢材相连接时，宜采用________。

8. 等电位联结分为__________联结、__________联结和__________联结三种类型。

二、选择题（将正确答案的序号填入括号中）

1. 下列不是自然接地体的是（　　）。

A. 埋设在地下的金属管道

B. 与大地有可靠连接的建筑物的金属结构

C. 自来水的金属管线

D. 高层建筑物的避雷针和避雷线

2. 为了保证足够的强度，并考虑到防腐蚀的要求，地下钢质接地体圆钢的最小直径是（　　）mm。

A. 2　　B. 5　　C. 10　　D. 20

3. 电力线路杆塔接地体的引出线应镀锌，其截面积不得小于（　　）mm^2。

A. 50　　B. 100　　C. 200　　D. 300

4. 外引接地装置应避开人行道，以防止（　　）电击。

A. 跨步电压　　B. 接触电压

C. 对地电压　　D. 其他

5. 手持电动工具的接零线或接地线应在（　　）进行检查。

A. 每年雨季前　　B. 每年干燥季节

C. 每次使用前　　D. 其他时间

6. 各电气设备的接地支线与接地干线相连时，应采用（　　）方式。

A. 串联　　B. 并联　　C. 混联　　D. 以上均可

7. 对接地装置进行维修时，接地线锈蚀或腐蚀（　　）以上者应予以更换。

A. 30%　　B. 50%　　C. 70%　　D. 80%

8. 在电力系统中，用（　　）表示等电位。

A. 向下的空心三角形

B. 空心圆形

C. 两条短线

D. 波浪线

9. (　　) 是指将 PE 线、电气装置接地体的接地干线、建筑物内各种金属管道和金属构件全部连接起来，并与接地装置连接形成等电位。

A. 接地连接

B. 辅助等电位联结

C. 局部等电位联结

D. 总等电位联结

三、判断题（正确的打“√”，错误的打“×”）

1. 自然接地体至少要有一根引出线与接地干线相连。(　　)
2. 直流电力网的接地装置可以利用自然接地体。(　　)
3. 垂直埋设的人工接地体可以成排布置或环形布置。(　　)
4. 接地电阻主要是指接地体的电阻。(　　)
5. 当自然接地体的接地电阻符合要求时，可不敷设人工接地体（发电厂和变电所除外）。(　　)
6. 机床电气设备较多的大型车间应敷设接地干线。(　　)
7. 自然接地体至少应有两根导体在不同的地点与接地网相连（线路杆塔除外）。(　　)
8. 与大地有可靠连接的建筑物，其金属结构可用作自然接地体。(　　)
9. 接地干线跨越门口时应明敷设于地面。(　　)
10. 各电气设备的接地支线应单独与接地干线或接地体相连，不应串联。(　　)

四、简答题

1. 可作为自然接地体的设施有哪些？利用自然接地体应注意哪些问题？

2. 安装人工接地体有哪些具体要求？

3. 接地装置的定期检查和维护项目有哪些？

4. 接地装置安装完成后，应如何进行接地电阻测试？

5. 如何认定线路中的两个测试点是等电位的？

§2-6 漏电保护装置

一、填空题（将正确的答案填写在横线上）

1. ____________是比保护接地、保护接零更加完善的附加性安全措施。

2. 漏电保护装置的____________、____________、____________等性能指标应与线路条件相适应。

3. 漏电保护器按工作原理分类，可分为______型、______型和______型；按功能分类，可分为________________、____________和________________三种。

4. 电流型漏电保护器按动作结构分类，可分为________________和________________。____________的动作信号直接作用于脱扣器，使之掉闸断电。______________对输出信号进行放大、蓄能等处理后再使脱扣器动作跳闸。

5. 一般直接动作式电流型漏电保护器均为________式漏电保护器，间接动作式电流型漏电保护器均为________式漏电保护器。

二、选择题（将正确答案的序号填入括号中）

1. 漏电保护装置是一种在规定条件下，当（　　）电流达到或超过给定值时，能够自动断开电路的机械开关电器或组合电器。

A. 工作　　B. 接地　　C. 漏电　　D. 短路

2. 适用于交流 220/380 V、50 Hz 电源且中性点接地的电路中，同时具有线路和电动机的过载或短路保护的漏电保护装置是（　　）。

A. 漏电保护插头　　B. 漏电断路器　　C. 漏电保护箱

3. 在浴室、游泳池、隧道等场所用于防止人身触电事故的漏电保护装置的额定动作电流是（　　）mA。

A. 100　　B. 50　　C. 30　　D. 10

4. 用于允许电动机启动时有漏电电流的漏电保护装置的类型是（　　）。

A. 高灵敏度快速型　　B. 冲击电压不动作型

C. 漏电报警型

5. （　　）不得接入漏电保护装置。

A. 保护线　　B. 电源线　　C. 中性线　　D. 相线

6. 线路或设备未发生预期的触电或漏电时，漏电保护装置产生的动作是漏电保护装置的（　　）。

A. 正常动作　　B. 拒动作　　C. 误动作

7. 线路或设备已发生预期的触电或漏电，而漏电保护装置不产生预期的动作是漏电保护装置的（　　）。

A. 正常动作　　B. 拒动作　　C. 误动作

8. 当电动机外壳漏电，外壳对地电压上升到危险数值时，脱扣器迅速动作切断供电电路的漏电保护器是（　　）漏电保护器。

A. 电压型　　B. 电流型　　C. 脉冲型

9. 当三相电源负载侧有漏电或触电事故，三相电流的向量和不等于零时，脱扣器线圈中产生电流，衔铁动作使主开关断开以切除故障电路的漏电保护器是（　　）漏电保护器。

A. 电压型　　B. 电流型　　C. 脉冲型

10. 将漏电开关和插座组合在一起，使插座具备漏电保护功能，适用于移动电器和家用电器的漏电保护器是（　　）。

A. 漏电继电器　　B. 漏电开关　　C. 漏电保护插座

11. 漏电保护器的额定电流应（　　）被保护电路的最大电流。

A. 小于　　B. 大于

C. 等于　　D. 以上均可

三、判断题（正确的打“√”，错误的打“×”）

1. 漏电保护器的主要作用是防止电气火灾，在某些情况下能起到防止人身触电的作用。（　　）

2. 消防设备（如火灾报警装置、消防水泵、消防通道照明等）若发生漏电，电源应被漏电保护装置立即切断。（ ）

3. 经过漏电保护装置的中性线不得作为保护线，不得重复接地或连接设备外露可导电部分。（ ）

4. 在安装漏电保护装置时可以不必区分其电源侧和负载侧。（ ）

5. 变频器等设备的电源必须外接漏电保护器。（ ）

6. 在低压电网中，广泛采用的是电压型漏电保护器。（ ）

7. 移动式电气设备及手持电动工具不需要安装漏电保护器。（ ）

8. 漏电保护器的动作时间主要根据使用目的来选择。（ ）

9. 不需要辅助电源的漏电保护器是电子式漏电保护器。（ ）

10. 电气设备外壳带电是指它带有一定的电流。（ ）

11. 选用漏电保护器，应满足电源电压、频率、工作电流和短路分断能力的要求。（ ）

12. 建筑施工场所和临时线路的用电设备必须安装漏电保护器。（ ）

13. 漏电保护器若发生故障，必须用合格的漏电保护器替换。（ ）

14. 对于触电后可能导致二次事故的场合，应选用漏电动作电流为 5 mA 的漏电保护器。（ ）

15. 安装漏电保护器时，应检查产品合格证、认证标志、试验装置，若发现异常，必须立即停止安装。（ ）

16. 漏电开关只具备检测、判断功能，不具备开闭主电路的功能。（ ）

17. 用 RCD（剩余电流动作保护器）做直接接触触电保护，要求额定动作电流≤30 mA。（ ）

四、简答题

1. 什么是漏电保护和漏电保护装置？

2. 常见的漏电保护装置有哪些类型？其主要用途有哪些？应如何选用？

3. 漏电保护装置必须由经技术培训考核合格的电工来安装，具体的安装要求有哪些？

4. 简述漏电保护装置定期检查的内容。

5. 简述总配电箱设漏电保护器的选择方法。

6. 电磁式和电子式漏电保护器的性能有何区别？

§2-7　电气防火与防爆

一、填空题（将正确的答案填写在横线上）

1. 消防工作是包括________与________在内的，同火灾做斗争的一项专门工作。消防工作的方针是“____________，____________”“____________，____________”。

2. 失火后能及时扑救而未成灾，这种失火称为__________。

3. ________是指电气设备或导线的功率和电流超过了其额定值。

4. 按照火灾造成损失的情况，可将火灾等级分为________________、________________、________________、______________四类。

5. 引发电气火灾的原因有_______、_______、_______、_______、__________、_______和_______等。

6. 发生电气火灾时，应立即____________，然后________。

7. 高压下切断电源应先操作__________，而不应该先操作隔离开关；低压下切断电源应先操作____________，而不应该先操作刀开关，以免引起弧光短路。

8. 自动喷水灭火系统是按适当的间距和高度装配一定数量喷头的供水灭火系统，主要由________、________、______________和____________等组成。自动喷水灭火系统按组成部件和工作原理的不同可分为____________、____________、____________、____________、____________和____________六种类型。

9. 电气设备的防爆标志可放在铭牌________上方；小型电气设备及仪器、仪表，可将标志牌铆或焊在________上，也可采用________标志。

二、选择题（将正确答案的序号填入括号中）

1. （　　）是电气设备最严重的一种故障状态，会产生电弧或火花。

A. 过载　　B. 过压　　C. 短路　　D. 欠压

2. 在正常运行时不可能出现爆炸性气体环境，如果出现也是偶尔发生并且仅是短时间存在的场所，属于爆炸性气体环境区域划分的（　　）。

A. 0 区　　B. 1 区　　C. 2 区　　D. 20 区

3. （　　）在使用时要将筒身颠倒过来，使其中的碳酸氢钠与硫酸溶液混合后发生化学反应，产生二氧化碳气体泡沫，并由喷嘴喷出。

A. 泡沫灭火器　　B. 二氧化碳灭火器

C. 干粉灭火器　　D. 1211 手提式灭火器

4. 在特别潮湿且有导电灰尘的车间内，应选用（　　）电动机。

A. 保护式　　B. 密封式　　C. 防爆式　　D. 其他

5. 对架空线路等空中设备进行灭火时，人体位置与带电体之间的仰角应不超过（　　）。

A. 20°　　B. 45°　　C. 90°　　D. 180°

6. 造成 3 人以下死亡，或者 10 人以下重伤，或者 1 000 万元以下直接财产损失的火灾，属于（　　）。

A. 一般火灾　　B. 较大火灾

C. 重大火灾　　D. 特别重大火灾

7. 物质发生剧烈的物理或化学反应，且反应速度急剧增加，并在极短的时间内释放出大量的能量，产生高温、高压气体，使周围空气猛烈振荡并伴有巨大声响的现象是（　　）。

A. 燃烧　　B. 爆炸　　C. 短路　　D. 过载

8. 发生电气火灾后必须进行带电灭火时，应使用（　　）。

A. 消防水喷射　　B. 二氧化碳灭火器

C. 泡沫灭火器　　D. 其他

三、判断题（正确的打“√”，错误的打“×”）

1. 在扑救电气火灾时，绝对不允许使用泡沫灭火器。（　　）

2. 在有爆炸危险的场所应选用防爆电气设备。（　　）

3. 火灾危险环境下禁止使用电热器具。（　　）

4. 剪断电线时，不同相的电线可以在相同的部位剪断。（　　）

5. 泡沫灭火器适用于扑救油脂类、石油类产品及一般固体物质的初起火灾。（　　）

6. 水喷雾灭火系统的使用量占自动喷水灭火系统的 75%以上。（　　）

7. 旋转电动机起火时，严禁采用黄沙灭火。（　　）

8. 若用干粉灭火器对高压设备带电灭火，可不戴绝缘手套和穿绝缘靴。（　　）

9. 在易燃、易爆场所，应使用密闭型或防爆型照明灯具；在多尘、潮湿和有腐蚀性气体的场所，应使用防水、防尘型照明灯具。（　　）

10. 带电设备着火时，应使用干粉灭火器、二氧化碳灭火器等灭火，不得使用泡沫灭火器灭火。（　　）

四、简答题

1. 火灾和爆炸危险场所分为几类、几级？各有什么含义？

2. 常用的防爆设备有哪些类型？

3. 简述选用防爆电气设备的基本要求。

4. 发现电气设备或电气线路起火后，应设法切断电源，切断电源的注意事项有哪些？

5. 简述火灾危险区域电气设备的选用原则。

6. 简述发生火灾时的逃生技巧。

§2-8 静电防护

一、填空题（将正确的答案填写在横线上）

1. 静电现象是一种常见的________现象，是在宏观范围内暂时失去平衡的相对静止的__________和__________。

2. 控制环境爆炸和火灾危险性的措施有__________________、__________________和________________。

3. 静电中和器又称为____________，是能产生______和______的装置。

4. 静电安全管理包括相关________________、____________、__________、静电检测管理等内容。

5. 电子产品的静电破坏模式有________模式、__________模式和________模式。

二、选择题（将正确答案的序号填入括号中）

1. 静电在工业生产中可能引起（　　）事故。

A. 爆炸和火灾　　B. 人员伤亡　　C. 相间短路　　D. 断路

2. （　　）的放电通道有很多分支，而不集中在一点，放电时伴有声光。

A. 电晕放电　　B. 刷形放电

C. 传播型刷形放电　　D. 雷型放电

3. 静电多发生在（　　）。

A. 多雨潮湿的季节　　B. 干燥的季节

C. 炎热的季节　　　　　　　　　　　　D. 任何季节

4. 在有爆炸和火灾危险的场所，为了防止人体受静电的伤害，应穿（　　）制作的服装。

A. 丝绸　　　　　　　　　　　　　　B. 腈纶

C. 尼龙　　　　　　　　　　　　　　D. 纯棉

三、判断题（正确的打“√”，错误的打“×”）

1. 任意两种不同的物质紧密接触后再分离时，都会产生静电。（　　）
2. 刷形放电释放的能量不超过 5 mJ。（　　）
3. 静电在生产生活中对人们只有危害，毫无益处。（　　）
4. 静电电击是电流持续通过人体的电击，能达到使人致命的程度。（　　）
5. 静电多产生在电气设备的金属外壳上。（　　）
6. 火花放电是指放电通道火花集中，即电极上有明显放电集中点的放电。（　　）
7. 导体上的静电可以采用接地法来消除。（　　）
8. 屏蔽能限制放电能量，防止静电感应，还能消除静电电荷。（　　）
9. 危险品运输车辆上拖地的金属链是用于防止产生静电的。（　　）

四、简答题

1. 静电的危害有哪些？常见的静电放电形式有哪些？

2. 静电在日常生产生活中有哪些有利应用？

3. 在工艺上采取哪些措施能有效防止静电？

第三章 雷电防护安全技术

§3-1 雷电现象及防护原理

一、填空题（将正确的答案填写在横线上）

1. 雷电分为__________、__________和__________三种。

2. __________是由于雷击而在架空线路上或空中金属管道上产生的冲击电压沿线或管道迅速传播的雷电波，其传播速度为______m/s。

3. 雷电放电具有______、________、__________等特点。

4. 雷电防护的中心内容是______和______。

5. 雷电均衡的实质是基于____________。

6. 雷电防护系统由__________、__________和____________三部分组成。

二、选择题（将正确答案的序号填入括号中）

1. 雷电放电时，雷电流在周围空间产生迅速变化的强磁场，在邻近的导体上感应出很高的感应电动势，称为（ ）。

A. 直击雷　　B. 静电感应雷

C. 电磁感应雷　　D. 球雷

2. 雷云较低，周围又没有带异性电荷的雷云，就在地面凸出物上感应出异性电荷，发生与地面凸出物之间的放电，这种放电现象称为（ ）。

A. 直击雷　　B. 静电感应雷

C. 电磁感应雷　　D. 球雷

3. 雷电引起的过电压，使得电气设备和线路的绝缘被破坏，产生闪络放电，以致开关跳闸、线路停电，造成人身伤亡，属于雷电产生的（ ）。

A. 机械效应　　B. 电气效应

C. 热效应　　D. 化学效应

4. （ ）是保持系统各部分不产生足以致损的电位差，即系统所在环境及系统本身所有金属导电体的电位在瞬态现象时保持基本相等。

A. 均流　　B. 漏电保护

C. 接地　　D. 均衡

5. 由接闪器、引下线、接地体组成的是（ ）。

A. 外部防护　　B. 过渡防护

C. 内部防护　　D. 短路保护

6. 由均压等电位联结、过电压保护组成，可均衡系统电位，限制过电压幅值的是（ ）。

A. 外部防护　　B. 过渡防护

C. 内部防护　　　　　　　　　　　　　　　D. 短路保护

三、判断题（正确的打“√”，错误的打“×”）

1. 雷雨天，室内电气设备突然爆炸起火或损坏，引起事故的主要原因是雷电侵入波。（　　）

2. 凡遭受雷电冲击波袭击可能导致严重后果的建筑物或设施，应采取雷电冲击波防护措施。（　　）

3. 雷电防护是指通过合理、有效的手段将雷电流的能量尽可能地引入大地。（　　）

4. 绝大部分雷击造成的损害是由直击雷造成的。（　　）

5. 外部防护由合理的屏蔽、接地、布线组成，可减少或阻塞通过各入侵通道引入的感应。（　　）

6. 雷电是大气中的放电现象，雷击是一种自然灾害。（　　）

四、简答题

1. 简述雷电的特点及危害。

2. 雷电防护系统由哪几部分组成？

§3-2 防雷装置

一、填空题（将正确的答案填写在横线上）

1. 常用防雷装置的类型有________、________、________、________、________。

2. 避雷网分为________和________。

3. 避雷针由________、________、________、________四部分组成。

4. 接地装置是________和______的总称。

5. 一般情况下，接地体均应使用________钢材，使其延长使用年限。

二、选择题（将正确答案的序号填入括号中）

1.（　　）是供各种铁塔、油罐、烟囱及高层建筑物等安装使用的，是防雷系统中不可缺少的设备。

A. 避雷针　　B. 避雷线　　C. 避雷网　　D. 避雷器

2.（　　）是电力、电子及通信设备和系统广泛采用的避雷装置，作为避雷针的重要补充。

A. 避雷针　　B. 避雷线　　C. 避雷网　　D. 避雷器

3. 满身“钢筋铁骨”的国家体育场“鸟巢”自身就形成了一个巨大的（　　）。

A. 避雷针　　B. 避雷线　　C. 避雷网　　D. 避雷器

4. 用小截面圆钢或扁钢做成的条形长带，多沿屋脊、山墙、通风管道及平屋顶的边沿等处敷设的避雷装置是（　　）。

A. 避雷针　　B. 避雷带　　C. 避雷网　　D. 避雷器

5. 避雷器应与被保护设备或设施（　　）连接。

A. 并联　　B. 串联　　C. 串并联　　D. 都可以

6. 正常状态时，避雷器的间隙保持在（　　）状态，当出现雷击过电压时，避雷器间隙击穿而接地，切断过电压，发挥保护作用。

A. 导通　　B. 绝缘　　C. 短路　　D. 都可以

7. 避雷针应尽可能采用独立的接地装置，接地电阻一般不得大于（　　）Ω。

A. 4　　B. 10　　C. 30　　D. 50

8. 为了防止跨步电压危及人身安全，要求接地装置距建筑物出入口和人行道的距离不小于（　　）m。

A. 0.5　　B. 1　　C. 3　　D. 10

三、判断题（正确的打“√”，错误的打“×”）

1. 避雷针的顶端是削尖的直立金属棒（或管），安装时要高出建筑物一定的高度。（　　）

2. 为了确保引下线、接闪器和接地装置连接牢固、可靠，连接方法一般采用焊接。（　　）

3. 独立避雷针以建筑物和构筑物本身作为避雷针的支持物，将接闪器和引下线直接装设在建筑物上。（　　）

四、简答题

1. 避雷针是如何进行防雷工作的？

2. 接地体应如何埋设才能防止当雷电流通过接地装置向大地流散时，在接地装置附近的地面上形成危及行人安全的跨步电压？

3. 简述避雷器的工作原理。

§3-3 雷电防护措施

一、填空题（将正确的答案填写在横线上）

1. ________是指保护建筑物、电力系统及其他一些装置和设施免遭雷电损害的技术措施。

2. 雷击时的________可引起人体电烧伤，严重时可使人体炭化成焦炭状。

3. 架空绝缘配电线路的防雷，采用________________避雷器时，应对被保护线路段逐基杆塔逐相安装。

4. 1~10 kV 线路设置架空地线时，应采用单根且截面积不小于______ mm^2 的钢绞线，地线对边相导线保护角不宜大于______。

5. 接地体垂直敷设时可采用________、________、________，并采取防腐措施。

二、选择题（将正确答案的序号填入括号中）

1. 在野外遇到雷暴天气时，应尽量躲避在（　　）。

A. 小山下　　B. 有防雷设施的汽车中

C. 大树下　　D. 池塘边

2. 在户外或野外遇到雷电天气时，如依靠建筑屏蔽的街道或高大树木屏蔽的街道躲避，要注意距墙壁或树干（　　）m 以上。

A. 1　　B. 5　　C. 8　　D. 20

3. 雷暴天气时，人体最好距可能传来雷电侵入波的线路和设备（　　）m 以上。

A. 0.5　　B. 1　　C. 1.5　　D. 2

4. 在雷雨天气里使用手机，尤其在空旷的环境中会引发（　　）。

A. 感应雷　　B. 直击雷　　C. 雷电波　　D. 球雷

5. 容量 100 kV · A 以上的配电变压器，其接地装置的接地电阻应不超过（　　）Ω。

A. 1　　B. 4　　C. 10　　D. 30

6. 避雷器的接地端应与柱上断路器、负荷开关的金属外壳相连并接地，接地电阻应不超过（　　）Ω。

A. 1　　B. 4　　C. 10　　D. 30

三、判断题（正确的打“√”，错误的打“×”）

1. 遇到雷电天气时，可以躲到大树下避雨。（　　）

2. 遇到雷电天气时，在户内应注意防止雷电侵入波的危害。（　　）

3. 对架空线路应尽可能地减少或避免产生雷击过电压，若产生雷击过电压，应尽可能避免线路跳闸。（　　）

4. 配电变压器的高压侧和低压侧应分别装设一组无间隙金属氧化物避雷器，安装位置应远离变压器出线套管。（　　）

5. 企事业单位应定期由专业防雷公司检测防雷设施，城区内高度在 45 m 以上的高层建筑需每两年检测一次。（　　）

6. 通过变压器接到架空线路上的电动机，简称直配电动机。（　　）

四、简答题

1. 遇到雷电天气时，在户外应如何进行雷电防护？

2. 对受到雷击伤害的人员，应如何进行救护？

3. 输电线路有哪些雷电防护措施？

§3-4 建筑物的防雷措施

一、填空题（将正确的答案填写在横线上）

1. 各类防雷建筑物应采取防________和防________的措施。

2. 装有防雷装置的建筑物，在防雷装置与其他设施和建筑物内人员无法隔离的情况下，应采取____________。

3. 防雷电感应的接地装置应和__________的接地装置共用，其工频接地电阻应不大于____Ω。屋内接地干线与防雷电感应接地装置的连接应不少于____处。

4. 第二类防雷建筑物防直击雷的措施，宜采用装设在建筑物上的避雷网（带）、避雷针或由其混合组成的________，所有避雷针应采用________相互连接。

5. 在共用接地装置与埋地金属管道相连的情况下，接地装置宜围绕建筑物敷设成________接地体。

二、选择题（将正确答案的序号填入括号中）

1. 建筑物应根据其重要性、使用性质、发生雷电事故的可能性和后果，按防雷要求分为（　　）类。

A. 一　　B. 三　　C. 五　　D. 七

2. 人民大会堂属于第（　　）类防雷建筑物。

A. 一　　B. 二　　C. 三　　D. 其他

3. 省级重点文物保护的建筑物属于第（　　）类防雷建筑物。

A. 一　　B. 二　　C. 三　　D. 其他

4. 制造、使用或贮存炸药、火药及其制品的危险建筑物，属于第（　　）类防雷建筑物。

A. 一　　B. 二　　C. 三　　D. 其他

5. 应装设独立避雷针或架空避雷线（网），使被保护的建筑物及风帽、放散管等凸出屋面的物体均处于接闪器的保护范围内，是（　　）防雷建筑物防直击雷的措施。

A. 第一类　　B. 第二类　　C. 第三类　　D. 其他

6. 利用建筑物的钢筋作为防雷装置时，建筑物宜利用钢筋混凝土屋面、梁、柱、基础内的钢筋作为（　　）。

A. 避雷针　　　　B. 接闪器　　　　C. 避雷带　　　　D. 引下线

7. 当树木高于建筑物且不在接闪器保护范围之内时，树木与建筑物之间的净距应不小于（　　）m。

A. 0.5　　　　B. 1　　　　C. 5　　　　D. 20

三、判断题（正确的打“√”，错误的打“×”）

1. 国家特级和甲级大型体育馆属于第一类防雷建筑物。（　　）

2. 有爆炸危险的露天钢质封闭气罐属于第二类防雷建筑物。（　　）

3. 防直击雷接地宜和防雷电感应、电气设备、信息系统等接地共用同一接地装置，并宜与埋地金属管道相连。（　　）

4. 独立避雷针、架空避雷线或架空避雷网应有独立的接地装置，每根引下线的冲击接地电阻不宜大于 50 Ω。（　　）

5. 在电源引入的总配电箱处宜装设过电压保护器。（　　）

6. 第三类防雷建筑物防直击雷，宜采用装设在建筑物上的避雷网（带）或避雷针或由这两种混合组成的接闪器。（　　）

7. 可利用螺栓连接或焊接的金属爬梯作为烟囱防雷装置的两根引下线。（　　）

四、简答题

1. 建筑物的防雷是如何分类的？举例说明建筑物防雷类型。

2. 凸出屋面的放散管、风管、烟囱等物体，应如何进行防雷电保护？

3. 利用建筑物的钢筋作为防雷装置时应符合哪些规定？

§3-5 高层建筑物的防雷接地

一、填空题（将正确的答案填写在横线上）

1. ________用于保护建筑物免受雷击引起火灾事故及人身安全事故；________用于防止雷电和其他形式的过电压侵入设备中造成损坏。

2. 外部防雷接地装置包括________、________、________、________，这些装置可以提高建筑物整体防雷的可靠性。

3. 避雷带由______和______组成，应设置在建筑物易受雷击的层檐、女儿墙等处，其作用是______。

4. 内部防雷接地装置的笼式避雷网是把建筑物中的金属结构沿钢筋连成一个大型金属网笼，既有______作用，又充当______。

5. 电涌保护器有________、________和________三种类型。

6. 所有信息系统进入楼宇的电缆内芯线端，应对地加装________，电缆中的空线对应接地，并做好______接地。

二、选择题（将正确答案的序号填入括号中）

1. 高层建筑物防雷接地系统中，不是外部防雷接地装置的是（　　）。

A. 避雷带　　B. 引下线

C. 均压环　　D. 笼式避雷网

2. 在高层建筑物中，利用其柱或剪力墙中的主筋作为引下线，每条引下线应不少于（　　）根主筋，主筋的直径应不小于 16 mm。

A. 1　　B. 2　　C. 5　　D. 无规定

3. 避雷线弯曲处角度不得小于（　　），弯曲半径不得小于圆钢直径的 10 倍。

A. 30°　　B. 90°　　C. 180°　　D. 无规定

4. 在高层建筑物的设计和施工中，均压环采用直径不小于（　　）mm 的镀锌圆钢。

A. $\phi1$　　B. $\phi2$　　C. $\phi8$　　D. 无规定

5. 在所有重要的、精密的设备以及 UPS（不间断电源）的前端对地加装电涌保护器是（　　）级过压保护。

A. 一　　B. 二　　C. 三　　D. 四

6. 在变压器至二次低压设备的主配电柜间的电缆内芯线两端对地加装电涌保护器是（　　）级过压保护。

A. 一　　B. 二　　C. 三　　D. 四

三、判断题（正确的打“√”，错误的打“×”）

1. 接地网是指水平方向由钢筋绑扎或焊接成的网格，增大接地网的面积，接地电阻将减小。（　　）

2. 在高层建筑物的设计和施工中，超过 30 m 高的建筑物，应在 30 m 及以下每隔三层围绕建筑物外廓的墙内做均压环。（　　）

3. 电涌保护器是用于限制瞬态过电压和分泄电涌电流的器件。（　　）

4. 为确保信息系统正常工作，每年应定期用精密接地电阻测试仪检测接地电阻。 （　　）

四、简答题

1. 高层建筑的防雷接地系统由哪些装置组成？

2. 对于 380 V 低压线路，应如何进行过电压保护？

第四章　电气设备及线路的安全运行

§4-1　变配电设备的运行和操作

一、填空题（将正确的答案填写在横线上）

1. 变压器是电力系统中使用较多的一种电气设备，它对电能的________、________和________起着举足轻重的作用。

2. 油浸式有载调压变压器的油箱顶部装有两个________，当变压器内部压力达到一定值时，能可靠释放能量，确保设备的安全运行。

3. 新型组合式变电站具有________、________、________、________、________等多种功能，广泛用于城市高层建筑、居民小区、市政设施、公路、码头及临时施工用电等场所。

4. 高压隔离开关具有明显的分断间隙，主要用来隔离________，保证安全检修，并能通断一定的小电流。它没有专门的灭弧装置，因此，不允许切断正常的________，更不能用来切断________。

5. 在工厂供配电系统中担负________、________和________电能任务的电路，称为主电路（一次电路）；用来________、________、________和________主电路及主电路中设备运行的电路，称为二次电路。

6. 电力变压器停电时，应先停________，后停________；送电时，应先接通________，再依次接通________。

7. 进行变配电设备的倒闸操作时，操作机械传动的开关或刀闸应戴________；操作没有机械传动的开关或刀闸，应使用合格的________；雨天操作时应使用有防雨罩的________。

8. 变压器停送电操作应由两人进行，一人________，一人________。

9. 《电力安全工作规程　发电厂和变电站电气部分》（GB 26860—2011）规定的设备不停电时的安全距离：10 kV 及以下为______ m，20 kV、35 kV 为______ m。

二、选择题（将正确答案的序号填入括号中）

1. 采用隔膜式储油柜并具有完善的导油、导气管路系统的变压器是（　　）。

A. 干式变压器　　B. S11 系列全密封电力变压器

C. 箱式变压器　　D. 油浸式有载调压变压器

2. 广泛用于高层建筑、地铁、车站、机场、商业中心以及政府机关、电台、电视台等要害部门，变压器故障后不会爆炸的变压器是（　　）。

A. 干式变压器　　B. S11 系列全密封电力变压器

C. 箱式变压器　　D. 油浸式有载调压变压器

3. 油箱可随内部温度升高而产生一定变形，使变压器进行自主“呼吸”的变压器是（　　）。

A. 干式变压器 B. S11 系列全密封电力变压器
C. 箱式变压器 D. 油浸式有载调压变压器

4. 高压负荷开关通常与高压熔断器配合使用，利用熔断器来切断（ ）故障。

A. 过压 B. 短路 C. 过载 D. 欠压

5. 变配电设备的运行和维护，一般要求在有人值班的变电所内，应（ ）抄表一次。

A. 每小时 B. 每半天 C. 每天 D. 每星期

6. 电力变压器在工作中的油温最高不能超过（ ）℃。

A. 55 B. 75 C. 85 D. 95

7. 负荷开关用来切、合的电路为（ ）电路。

A. 空载 B. 负载
C. 短路故障 D. 断路故障

8. 变压器停电退出运行，首先应（ ）。

A. 断开各负荷 B. 断开高压侧开关
C. 断开低压侧开关 D. 以上均可

9. 值班人员巡视高压设备（ ）。

A. 一般由两人进行 B. 一般由一人进行
C. 若发现问题可以随时处理 D. 值班员可以干其他工作

10. 变配电设备送电时，其倒闸操作顺序为（ ）。

A. 先合母线侧刀闸，再合线路侧刀闸，最后合上开关
B. 先合线路侧刀闸，再合母线侧刀闸，最后合上开关
C. 先合开关，再合线路侧刀闸，最后合母线侧刀闸
D. 以上均可

11. 电力变压器的油起（ ）作用。

A. 润滑线圈 B. 绝缘和防锈
C. 绝缘和散热 D. 防锈和散热

三、判断题（正确的打“√”，错误的打“×”）

1. 抽屉式低压开关柜内的所有电器部件都固定在不能移动的台架上，构造简单，也较为经济，一般被中、小型工厂采用。（ ）
2. 高压开关柜主要用于供配电系统的控制、监测和保护。（ ）
3. 高压负荷开关有简单的灭弧装置，能切断或接通短路电流。（ ）
4. 正常的变压器油应为透明略带浅黄色。（ ）
5. 雷雨天气巡视室外高压设备时，应穿绝缘靴，且不得靠近避雷器和避雷针。（ ）
6. 检修低压开关柜时，要求其电气连接部分的接触应可靠，并涂中性凡士林。（ ）
7. 变配电设备的倒闸操作可以由一个操作人员进行。（ ）
8. 进行倒闸操作时，若杆上同时有刀闸和开关，断电时应先拉刀闸后拉开关。（ ）
9. 进行倒闸操作时，必须填写倒闸操作票，严禁无票操作。（ ）
10. 变压器运行时，其上层油温不宜超过 55 ℃。（ ）
11. 手车式高压开关柜接地触头的表面应清洁，接触电阻应不大于 1 Ω。（ ）
12. 进行变配电设备倒闸操作票的填写时，每张操作票可以填写多个操作任务。（ ）

四、简答题

1. 变配电设备运行与维护的巡视检查项目有哪些？

2. 开关柜在运行中的巡视检查项目有哪些？停电后有哪些检修要求？

3. 在供电回路中，断路器与隔离开关的作用有何不同？

4. 某变电所值班员在巡视检查中发现油断路器漏油严重，于是立即将该断路器拉闸，这样处理对吗？为什么？

5. 简述倒闸操作的基本要求。

6. 简述倒闸操作的作业要点。

§4-2　电气线路的安全技术

一、填空题（将正确的答案填写在横线上）

1. 人口密集、繁华的街区在不具备电缆线路供电条件时，应采用________配电线路。

2. 通常采取____________方法来确保架空线路的安全运行。

3. 导线和电缆的安全载流量取决于它们的______、______、__________和__________等。导线的安全载流量主要取决于______的最高允许温度。

4. 1~10 kV 架空绝缘配电线路导线可采用______、______、______排列方式。

5. 临时线路使用期限一般为____天，特殊情况下需延长使用时应办理延期手续，但最长不得超过____个月。

6. 在电源开关上接引、拆除临时用电线路时，其上一级的电源开关必须______，并挂工作指示牌。

二、选择题（将正确答案的序号填入括号中）

1. 在架空线路巡视检查的项目中，检查杆塔、导线及架空地线是否完好无损属于（　　）巡视。

A. 定期　　B. 不定期　　C. 特殊　　D. 其他

2. 在架空线路巡视检查的项目中，检查发生自然灾害时的线路状况属于（　　）巡视。

A. 定期　　B. 不定期　　C. 特殊　　D. 其他

3. 1~10 kV 的架空绝缘线路，自供电的变电站出口至线路末端变压器的最大允许电压降应为线路额定电压的（　　）。

A. 1%　　B. 5%　　C. 10%　　D. 无规定

4. 公用配电网中 1 kV 及以下三相四线制的中性线截面（　　）相线截面。

A. 大于　　B. 小于　　C. 等于　　D. 其他

5. 1 kV 及以下架空绝缘配电线路的（　　）应靠近电杆或靠近建筑物。

A. 中性线　　B. 相线　　C. 地线　　D. 其他

6. 临时线路与建筑物、树木、设备、管线间的距离应不小于（　　）m。

A. 0.1　　B. 0.3　　C. 1　　D. 5

7. 所有的临时用电线路应采用耐压等级不低于（　　）V 的绝缘导线。

A. 10　　B. 50　　C. 220　　D. 500

三、判断题（正确的打“√”，错误的打“×”）

1. 变电站侧中性点经低电阻接地的 10 kV 线路，当不具备电缆线路供电条件时，应采用架空绝缘配电线路。（　　）

2. 乡村地区架空绝缘配电线路应与道路、河道、灌区等相协调，不占或少占农田。（　　）

3. 架空绝缘配电线路宜架设在弱电线路下方，电杆宜接近交叉点。（　　）

4. 架空绝缘配电线路不应跨越电气化铁路。（　　）

5. 在架空线路巡视检查的项目中，定期巡视每月应至少进行一次。（　　）

6. 单相两线制线路的中性导体截面积小于相导体的截面积。（　　）

7. 在配电线路中固定敷设的铜保护接地中性导体的截面积应不小于 10 mm²。（　　）

8. 当电流通过导线或电缆时，通过导线或电缆的电流越大，发热温度就越高。（　　）

9. 不同电压等级的架空绝缘配电线路同杆共架时，采用高电压等级线路在上、低电压等级线路在下的布置方式。（　　）

10. 临时线路必须采用绝缘良好的导线，可以在各种支架、管线或树木上挂线。（　　）

11. 全部临时线路必须由一个能带负荷拉闸的总开关控制，每一分路应装保护设施。（　　）

四、简答题

1. 室内线路的巡视检查一般包括哪些内容？

2. 简述架空线路定期巡视的具体内容。

3. 1 kV 及以下架空绝缘导线的选型规定有哪些？

4. 架设临时线路的安全要求有哪些？

5. 选取导体截面时，应符合哪些要求？

§4-3 用电设备的安全技术

一、填空题（将正确的答案填写在横线上）

1. 电动机应装设_______和_______保护装置，并应根据设备需要装设________和________保护装置。

2. 采用热继电器做电动机过载保护时，其整定电流应选择电动机额定电流的________倍。

3. 照明灯具的开关要串接在________上，不应装在________上。

4. 照明灯具的安装高度：室内悬挂吊灯的灯头距地面的高度应不小于______m，特殊情况下可降到______m。

5. 不要用手去移动正在运转的家用电器，如电风扇、洗衣机、电视机等，若需搬动，应先关闭____________，并________________。

6. 弧焊机的外壳必须______________。为防止高压窜入低压，二次电压接工件的一端应_____________。

7. 长期搁置不用或受潮的工具在使用前，应由电工测量__________是否符合要求。

8. 可移动式电动工具与手持式电动工具的电源线必须采用截面积足够的三芯或四芯多股______________________。

二、选择题（将正确答案的序号填入括号中）

1. 长期停用或可能受潮的电动机，使用前应测量绝缘电阻，其值不得小于（ ）MΩ。

A. 0.5　　B. 5　　C. 50　　D. 500

2. 中小容量异步电动机的短路保护一般采用熔断器，过载保护一般采用热继电器，两者（ ）。

A. 可以互相代替　　B. 不可以互相代替　　C. 1 kW 内可以互相代替

3. 短路保护可以（ ）。

A. 消除短路时所造成的一切危害　　B. 确定短路故障的原因

C. 防止短路时危险事故的发生和扩大　　D. 防止短路事故的出现

4. 当电动机额定电压变动在（ ）的范围内时，允许电动机以额定功率连续运行。

A. −5%~10%　　B. −15%~15%

C. −30%~30%　　D. −50%~50%

5. 家庭用电中，为了防止家用电器外壳带电而发生触电，应加装（ ）。

A. 熔断器　　B. 漏电保护器

C. 过流继电器　　D. 热继电器

6. （ ）设备在防止触电保护方面不仅依靠基本绝缘，还包括一个附加的安全措施。

A. Ⅰ类　　B. Ⅱ类　　C. Ⅲ类

7. 为Ⅰ类电动工具供电的末级配电箱中剩余电流动作保护器的额定剩余电流动作值应不大于（ ）mA。

A. 6　　B. 15　　C. 30　　D. 10

8. 依靠安全特低电压供电进行防电击保护，而且在其中产生的电压不会高于安全特低电压的设备是（ ）设备。

A. Ⅰ类　　B. Ⅱ类　　C. Ⅲ类

9. 为保证电焊机的安全运行，在潮湿环境或舱室内使用的行灯电压不得超过（ ）V。

A. 12　　B. 35　　C. 10　　D. 16

三、判断题（正确的打“√”，错误的打“×”）

1. 多台电动机合用的总熔丝额定电流为其中最大一台电动机额定电流的 1.5~2.5 倍。（ ）

2. 电动机接通电源后，若电动机不转或转速很慢，且声音异常，应立即切断电源，检查原因。（ ）

3. 电动机的集电环与电刷接触不良时会产生火花，电刷磨损超过原标准的 1/2 时，应更换新电刷。（ ）

4. 电动机在工作中遇到停电时，应立即切断电源，将启动开关置于停止位置。（ ）

5. 在使用手持电动工具时，严禁将导电线芯直接插入插座或挂在开关上。（ ）

6. 当需要在一个插座上同时插几个电器的插头时，可以使用插座转换器，所接电器的总额定电流应不超过原固定插座的额定电流。（ ）

7. 在高温、潮湿和有腐蚀性气体的场所，如厨房、浴室、卫生间等，应尽量使用防潮型灯具。（ ）

8. 非专业人员不得使用工具拆卸电器或变更内部接线。（ ）

9. 电动机外壳一定要有可靠的保护接地或接零。（ ）

10. Ⅰ类手持电动工具应有良好的接零或接地措施。（ ）

11. 手持电动工具应由专人管理，应经常检查其安全性和可靠性，且应尽量选用Ⅱ类和Ⅲ类。（ ）

12. 可将单相三孔电源插座的保护接地端（面对插座最上面的孔）与接零端（面对插座的左下孔）用导线连接起来，共用一根线。（ ）

13. 使用Ⅱ类手持电动工具无须采取接地或接零措施。（ ）

14. 低压临时照明若装设得十分可靠，也可采用“一线一地制”供电方式。（ ）

15. Ⅰ类手持电动工具无须装设漏电保护器。（ ）

16. 可移动式电动工具与手持式电动工具严禁利用其他设备的中性线接地。（ ）

四、简答题

1. 开关和插座有哪些安全技术要求？

2. 电热设备有哪些安全技术要求？

3. 家用电器有哪些安全技术要求？

§4-4 施工现场配电系统的安全技术

一、填空题（将正确的答案填写在横线上）

1. 低压配电系统宜采用三级配电，分别设置＿＿＿＿＿、＿＿＿＿和＿＿＿＿＿＿。

2. 动力配电箱与照明配电箱可以分别设置。当合并设置为同一配电箱时，动力和照明应＿＿＿＿供电。

3. 固定式配电箱的中心与地面的垂直距离宜为＿＿＿＿m。

4. 剩余电流动作保护器应用专用仪器检测其特性，且每月应不少于＿＿次，发现问题应及时＿＿＿＿＿＿。

二、选择题（将正确答案的序号填入括号中）

1. 总配电箱一般设在靠近（　　）的区域。

A. 电源　　B. 设备　　C. 负荷

2. 当一个末级配电箱直接控制多台用电设备或插座时，每台用电设备或插座应有各自独立的（　　）。

A. 电源　　B. 保护电器

C. 开关　　D. 电源和开关

3. 配电箱连接线相导体 L1、L2、L3 的颜色应依次为（　　）。

A. 黄色、绿色、红色　　B. 红色、黄色、绿色

C. 黄色、红色、绿色　　D. 绿色、黄色、红色

4. 移动式配电箱的进线和出线应采用（　　）。

A. 塑料护套线　　B. 绝缘导线

C. 橡套软电缆　　D. 以上均可

5. 当分配电箱中装设剩余电流动作保护器时，其额定动作电流值应不小于末级配电箱中剩余电流动作保护值的（　　）倍。

A. 1　　B. 2　　C. 3　　D. 4

6. 当总配电箱中装设剩余电流动作保护器时，其额定动作电流值应不小于分配电箱中剩余电流动作保护值的 3 倍，分断时间应不大于（　　）s。

A. 0. 5　　B. 1　　C. 2　　D. 3

三、判断题（正确的打"√"，错误的打"×"）

1. 动力配电箱与照明配电箱可以分别设置。（ ）

2. 分配电箱与末级配电箱的距离不宜超过 30 m。（ ）

3. 当分配电箱直接控制用电设备或插座时，每台用电设备或插座可以共用保护电器。（ ）

4. 配电箱内连接线绝缘层的标识色规定，中性导体 N 应采用黄绿双色。（ ）

5. 末级配电箱中剩余电流动作保护器的额定动作电流值应不大于 30 mA，分断时间应不大于 0.1 s。（ ）

6. 剩余电流动作保护器每天使用前应启动试验按钮试跳一次，试跳不正常时不得继续使用。（ ）

四、简答题

1. 简述配电箱的停/送电操作顺序。

2. 总配电箱和分配电箱的开关电器应符合哪些规定？

第五章　电气安全工作制度

§5-1　电工安全用具

一、填空题（将正确的答案填写在横线上）

1. 安全用具可分为________和________两类。

2. 电气工作安全用具可分为________安全用具和________安全用具两类。

3. 脚扣在使用前应做________，在不使用时，也应________进行一次检查。

4. 电工绝缘安全用具具备绝缘功能，用于防止电气作业人员直接接触带电体，可分为________安全用具和________安全用具两类。

5. 绝缘操作棒主要用来闭合或断开________、________，也可用来安装或拆除________，以及进行带电测量和试验工作等。

6. 使用绝缘夹钳工作时应戴________和________，穿________或站在________上，潮湿天气应使用专门的________。

7. 绝缘靴严禁作为________使用，使用前应检查其有无明显破损，使用后要妥善保管，不要与________接触。

二、选择题（将正确答案的序号填入括号中）

1. 在使用砂轮磨削金属时，应戴（　　），防止金属屑飞溅进入眼睛。

A. 防护服　　B. 防护罩

C. 平光护目镜　　D. 安全帽

2. 用氖管是否发光来检查设备是否带电的专用安全用具是（　　）。

A. 万用表　　B. 兆欧表

C. 绝缘操作棒　　D. 验电器

3. 脚扣的作用是（　　）。

A. 预防高空坠落　　B. 登杆作业

C. 防止产生感应电压　　D. 测量和试验

4. 绝缘强度大，能长时间承受电气设备的工作电压，并能在该电压等级产生内部过电压时保证工作人员人身安全的是（　　），如绝缘操作棒等。

A. 一般防护安全用具　　B. 基本安全用具

C. 辅助安全用具　　D. 机械工作安全用具

5. 用来带电安装或拆卸高压熔断器的专用安全用具是（　　）。

A. 绝缘操作棒　　B. 绝缘夹钳

C. 绝缘手套　　D. 钢丝钳

6. 临时接地线主要是由（　　）构成的。

A. 单股铜芯绝缘导线　　B. 多股裸软铜线

C. 多股铜芯绝缘软线　　　　　D. 单股铝芯绝缘导线

7. 登高工具的安全带需（　　）试验一次。

A. 每星期　　B. 每月　　C. 每半年　　D. 每年

8. 戴绝缘手套进行电工操作时，应将外衣袖口（　　）。

A. 装入绝缘手套中　　　　　B. 卷上去

C. 套在手套外面　　　　　D. 以上均可

9. 绝缘靴的测验周期为（　　）。

A. 每年一次　　　　　B. 每半年一次

C. 每三个月一次　　　　　D. 每月一次

10. 绝缘手套的测验周期为（　　）。

A. 每年一次　　　　　B. 每半年一次

C. 每三个月一次　　　　　D. 每月一次

11. 验电器的测验周期为（　　）。

A. 每年一次　　　　　B. 每半年一次

C. 每三个月一次　　　　　D. 每月一次

三、判断题（正确的打“√”，错误的打“×”）

1. 基本安全用具能够保证作业人员的人身安全。（　　）

2. 用验电笔测直流电时，氖泡发光侧所接的是电源的正极。（　　）

3. 使用高压验电器时，应直接接触设备的带电部分。（　　）

4. 高压验电器是用来检查高压网络变配电设备、架空线、电缆是否带电的工具。（　　）

5. 雨天穿用的胶鞋，在进行电工作业时可暂作绝缘鞋使用。（　　）

6. 绝缘靴可作耐油靴使用。（　　）

7. 使用绝缘操作棒时，操作者的手握位置不得超过护环。（　　）

8. 绝缘杆和绝缘夹钳都是绝缘基本安全用具。（　　）

9. 绝缘橡胶垫的最小尺寸不得小于 0.5 m×0.5 m。（　　）

10. 登杆前，应对脚扣做人体冲击试登，以检验其强度。（　　）

四、简答题

1. 电工基本安全用具有哪些？辅助安全用具有哪些？

2. 安全用具的作用是什么？

§5-2　电气值班制度

一、填空题（将正确的答案填写在横线上）

1. 值班工作的人员应熟悉并掌握________和________。

2. 交接班的工作制度中规定，禁止在________或________中交接班。交接班时必须严肃认真，要做到“________，________”，在交接过程中应有专人监察。

3. 工厂变配电所的值班制度有________、________和________等。从发展方向来说，工厂变配电所必然要向________和________的方向发展。

4. 值班调度员是电气设备和线路运行工作的________，应具有足够的________和丰富的________，________本系统的运行方式，并能决策本系统的经济运行方式和任何事故下的运行方式。

5. 事故情况下（或超计划用电时）将供向用户的用电线路切断，停止送电的操作术语是________。

6. 值班长是电气设备和线路运行的值班________，执行________的命令，指挥________完成工作任务。

7. 交班时若发生事故，未办理手续前仍由________处理，接班人员在交班值班长领导下协助其工作。

二、选择题（将正确答案的序号填入括号中）

1.（　　）是值班与巡视工作的直接执行者，熟悉本系统的电气主接线及其运行方式，能够熟练地进行倒闸操作和事故处理工作。

A. 值班调度员　　B. 值班长　　C. 值班员

2. 交接班的工作制度规定：一般情况下，在交班前（　　）min 应停止正常操作。

A. 5　　B. 10　　C. 30　　D. 60

3. 在电气回路内或电网上开口处经操作将开关或闸刀合上后形成回路的操作术语是（　　）。

A. 合环　　B. 解环　　C. 合上　　D. 拉开

4. 用临时导线将开关或刀闸等设备跨接旁路的操作术语是（　　）。

A. 合上　　B. 试送　　C. 放电　　D. 短接

5.（　　）负责设备故障分析报告的编写，负责编写设备检修工作总结、试验工作总结和施工配合工作总结。

A. 值班调度员　　B. 值班员

C. 电气检修人员　　D. 车间电气技术人员

6. (　　) 协助车间主管编制年、月度生产计划和月报，审核设备大修、小修项目计划，技改计划，材料计划及安全技术措施等。

A. 值班调度员　　　　B. 值班员

C. 电气检修人员　　　　D. 车间电气技术人员

7. (　　) 应集中精力监视各电气设备的运行情况，按规定进行交接班巡视和日常巡视，及时发现设备缺陷并组织相关人员进行处理。

A. 值班调度员　　　　B. 值班员

C. 电气检修人员　　　　D. 车间电气技术人员

三、判断题（正确的打“√”，错误的打“×”）

1. 有高压设备的变配电所，为了保证安全，一般应由两人值班。(　　)
2. 电气值班员未办完交接手续时，不得擅离岗位。(　　)
3. 电气值班员可以单独移开或越过遮栏进行工作。(　　)
4. 变配电所在处理事故时，一般不得交接班。(　　)
5. 单人值班时，不得单独从事修理工作。(　　)
6. 值班员负责单位所有电气设备的检修、维护和故障处理，负责设备试验、大修更新施工配合和分项工程验收等。(　　)
7. 值班员负责填写和保管各种记录、运行日志、报表和设备运行状态分析，负责图纸、说明书等技术资料的保管和使用。(　　)
8. 车间电气技术人员协助车间主管细化各种规章制度、操作规程、技术标准和管理办法。(　　)

四、简答题

1. 值班调度员、值班长和值班员上岗的基本业务条件是什么？

2. 变配电所值班员的职责是什么？在工作中应注意哪些事项？

3. 车间电气技术人员的岗位职责有哪些？

§5-3 电工安全技术操作规程

一、填空题（将正确的答案填写在横线上）

1. 电工安全技术操作规程是人们长期实践经验的总结，它既反映着＿＿＿和＿＿＿的安全关系，指导人们的安全行为，也体现着人与人之间的关系。

2. 电工作业必须由两人同时进行，一人＿＿＿＿，另一人＿＿＿＿。

3. 检修电气设备（线路）时，应将＿＿＿＿＿＿＿＿＿＿＿＿＿＿＿＿，把配电箱锁好，并挂上“＿＿＿＿＿＿＿＿＿＿＿＿＿”的标示牌，或派专人看护。

4. 使用手持电动工具时，机壳应有良好的接地，严禁将＿＿＿＿＿＿和＿＿＿＿＿＿拧在一起插入插座。

5. 照明变压器必须使用＿＿＿＿＿＿，严禁使用＿＿＿＿＿＿＿＿，照明开关必须控制＿＿＿＿。

6. 使用行灯时，电源电压不得超过____V。

7. 接拆地线应由两人进行，一人监护，一人操作，应戴好__________。接地线时先接__________，再接__________；拆地线时先拆__________，再拆__________。

二、选择题（将正确答案的序号填入括号中）

1. 电工属于特种作业人员，必须经当地（　　）统一考试合格后，核发全国统一的“特种作业操作证”，才可上岗作业。

A. 行政主管部门　　B. 安全生产监督管理部门

C. 劳动人事部门　　D. 公安管理部门

2. 电工特种作业操作证每（　　）年复审一次。

A. 1　　B. 2

C. 3　　D. 4

3. 使用冲击钻、电钻或钎子打砼眼或仰面打孔时，应戴（　　）。

A. 防护镜　　B. 绝缘手套

C. 安全帽　　D. 其他

4. 与电气设备相连接的保护零线应采用截面积不小于2.5 mm^2的多股铜芯线，保护零线统一采用（　　）。

A. 蓝色线　　B. 红色线

C. 黑色线　　D. 黄绿双色线

5. 在高压带电区域内部分停电工作时，操作者与（　　）的距离应符合安全规定。

A. 构架　　B. 瓷质部分

C. 带电设备　　D. 导线

6. 携带式接地线应为柔软的裸铜线，其截面积不小于（　　）mm^2，不应有断股和断裂现象。

A. 16　　B. 20　　C. 25　　D. 30

三、判断题（正确的打“√”，错误的打“×”）

1. 电工安全技术操作规程是预防生产安全事故的最有力武器。（　　）

2. 在带电设备附近作业，可以使用钢（卷）尺进行测量。（　　）

3. 使用手持电动工具时，可以使用单相两极插座。（　　）

4. 电气设备用熔断器的熔丝可用细金属丝代替。（　　）

5. 保护零线不得装设开关或熔断器。（　　）

6. 在特殊情况下，可以用黄绿双色线作负荷线使用。（　　）

7. 高压电机和高压电器拆除后其线头必须短路接地。（　　）

8. 拆、挂接地线时，操作人员可以不戴绝缘手套。（　　）

9. 对电气安全规程中的具体规定，实践中应根据具体情况灵活调整。（　　）

10. 装设接地线可以一人进行。（　　）

11. 装设接地线时，人体可触及接地线。（　　）

12. 在同一横担架设导线时，其相序排列：面向负荷从左侧起为L1、N、L2、L3、PE。（　　）

四、简答题

1. 登杆作业前，应遵守哪些操作规程？

2. 安装配电箱时，应遵守哪些操作规程？

§5-4 电工作业安全规定

一、填空题（将正确的答案填写在横线上）

1. 停电作业是指在________或______不带电的情况下进行的电气检修工作。停电作业分为______作业和________作业，无论是哪种停电作业，为了保证人身安全，都必须执行______、______、__________、__________和________几项安全技术措施后，才能进行停电作业。

2. 停电作业断开电源时，不仅要拉开开关，还要拉开________，使每个电源至检修设备或线路至少有一个明显的______。

3. 验电前应将电压等级合适且合格的验电器在带电的设备上试验，证明验电器指示正确后，再在检修设备进出线______各相分别验电。

4. 对 35 kV 及以上的电气设备验电，若没有专用的验电器，可以使用相应电压等级的绝缘操作棒代替。根据绝缘操作棒工作触头的金属部分有无______和__________来判断有无电压。

5. 线路验电应逐相进行，同杆架设的多层电力线路在验电时应先验______，再验______；先验______，再验______。

6. 低压（电压在250 V及以下）带电作业是指在不停电的__________或__________上的工作。

7. 在低压设备上带电作业时，应站在______________、__________或__________上进行，严禁使用______、_______和_______________________等工具。

8. 低压带电作业断开导线时，应先断开________，再断开________。

二、选择题（将正确答案的序号填入括号中）

1. 电气工作人员在电压等级≤10 kV的设备上工作，正常活动范围的距离小于（　　）m（安全距离）时必须停电。

A. 0.35　　B. 0.7　　C. 1.5　　D. 2.5

2. 停电作业时，在一经合闸即可送电到工作地点的开关和刀闸的操作把手上悬挂的标志牌是（　　）。

A. “禁止合闸，有人工作!”　　B. “止步，高压危险!”

C. “在此工作!”

3. 在室外地面高压设备上工作时，应在工作地点四周用绳子做好围栏，围栏上悬挂适当数量的（　　）标志牌。

A. “禁止合闸，有人工作!”　　B. “止步，高压危险!”

C. “在此工作!”

4. 低压带电工作时，搭接导线应先接好（　　）。

A. 相线　　B. 中性线

C. 地线　　D. 以上均可

三、判断题（正确的打“√”，错误的打“×”）

1. 带电部分在工作人员后面或两侧，且无可靠安全措施的设备，为了防止工作人员触及带电部分，必须停电。（　　）

2. 在被检修设备停电之前，必须将所有电源完全断开。（　　）

3. 对已经停电的设备或线路，不用再验明其有无电压。（　　）

4. 接地线是保护工作人员在停电设备上工作，防止突然来电而发生触电事故的可靠措施。（　　）

5. 在低压带电裸导线的线路上工作时，任何情况下均不得穿越其线路。（　　）

6. 雷、雨、雪天气时，可以在室内带电作业。（　　）

7. 站在绝缘垫上进行低压带电工作时，人体即使触及带电体，也不会造成触电伤害。（　　）

8. 对装有刀开关和熔断器的电路进行停电作业，采用取下熔断器的方法是不可取的。（　　）

9. 带电作业必须设专人监护，监护人应由有带电作业实践经验的人员担任。监护人不得直接操作，监护的范围不得超过一个作业点。（　　）

10. 部分停电作业是指高压设备部分停电或室内全部停电，而通至邻接高压室的门并未全部闭锁情况下的作业。（　　）

11. 试验现场的被试设备若两端不在同一地点时，另一端应派人看守。（　　）

12. 雨天室外验电，可以使用普通（不防水）的验电器或绝缘拉杆。（　　）

13. 电气设备停电后，在没有断开电源开关和采取安全措施之前，不得触及设备或进入设备的遮栏内，以免发生人身触电事故。 （ ）

14. 与停电设备有电气连接的其他任何运行中的星形接线设备的中性点必须断开，以防止中性点位移电压加到停电作业的设备上而危及人身安全。 （ ）

15. 装设接地线时，当验明设备确无电压并放电后，应立即将设备接地并三相短路。

（ ）

四、简答题

1. 简述停电的安全要求。

2. 简述装设接地线的要求。

3. 在低压设备上带电作业，应遵守哪些规定？

4. 简述验电的安全要求。

5. 在进行电工作业时，工作地点必须停电的设备或线路有哪些？

§5-5 电气设备作业的组织措施

一、填空题（将正确的答案填写在横线上）

1. 在电气设备上作业时保证安全的组织措施有__________，__________，工作监护制度，工作间断、转移和终结制度等。

2. 工作票由值班员收执，按班次移交，值班员应将__________、__________、__________及__________记入操作记录簿。

3. 经签发人审核签字后的一式两份工作票中的一份，必须保存在工作地点，由__________收执，另一份由__________收执，按班次移交。

二、选择题（将正确答案的序号填入括号中）

1. 在带电作业和在带电设备外壳上工作的情况，使用（　　）工作票。

A. 第一种　　B. 第二种　　C. 第三种　　D. 无规定

2. 在高压设备上工作需要全部停电或部分停电的情况，使用（　　）工作票。

A. 第一种　　B. 第二种　　C. 第三种　　D. 无规定

3. 建筑工、油漆工等非电气人员进行工作时，工作票发给（　　）。

A. 建筑工　　B. 油漆工　　C. 监护人　　D. 无规定

4. 一般情况下，（　　）工作票应在进行工作的当天预先交给值班员。

A. 第一种　　B. 第二种　　C. 第三种　　D. 无规定

5. 工作结束后，工作负责人、工作班人员及值班员应完成规定的工作内容的制度是（　　）。

A. 工作间断制度　　B. 工作转移制度

C. 工作终结制度　　D. 其他

6. 已结束的工作票应保存（　　），以便于检查和交流经验。

A. 一天　　B. 一个星期

C. 一个月　　D. 三个月以上

7. 当进行线路停电工作时，工作（　　）在班组成员确无触电危险的条件下，可以参加工作班工作。

A. 签发人　　B. 许可人　　C. 值班员　　D. 监护人

三、判断题（正确的打“√”，错误的打“×”）

1. 工作票制度只在部分停电或带电作业时使用。（　　）

2. 紧急事故抢修工作，可以不用填写工作票。（　　）

3. 工作票需要由操作人和监护人进行唱票操作，最后对工作票的结果进行验收和注销。（　　）

4. 工作票可以用铅笔填写，一式两份，应正确、清楚，不得任意涂改，个别错漏字需要修改时应字迹清楚。（　　）

5. 工作票签发人可以兼任所签发任务的工作负责人。（　　）

6. 工作票延期手续应由工作负责人向值班负责人申请办理，主要设备检修延期要通过值班长办理。（　　）

7. 若需变更或增设安全措施，可以由工作负责人在工作票上填写增加的工作项目。（　　）

8. 执行工作票的作业，必须有人监护。（　　）

9. 在未办理工作票终结手续之前，变配电所值班员不准对施工设备合闸送电。（　　）

10. 一个工作负责人可以签发多张工作票。（　　）

四、简答题

1. 工作票分为几种？各适用于哪些工作？

2. 什么是工作许可制度？工作许可应完成哪些工作？

3. 什么是工作监护制度？

4. 在工作间断期间，若需要紧急合闸送电，在送电之前应采取哪些措施？

第六章 安全用电的检查和电气事故的处理

§6-1 安全用电的检查制度

一、填空题（将正确的答案填写在横线上）

1. 用户电气设备的______、______、______、______和__________是直接关系到用户能否安全生产的重要环节。

2. ________是指要深入用户做细致的调查研究，督促和协助用户在安全、合理用电方面不断总结经验和改进工作，把电力系统行之有效的各项反事故措施贯彻到用户中去。

3. 定期巡回检查周期表的编制要根据用户的__________、________、__________而定。

4. 当高压线路或设备发生接地时，室外不得接近故障点________m 以内，室内不得接近故障点________m 以内。进入上述范围必须穿__________，接触设备的外壳和构架时，应戴__________。

二、选择题（将正确答案的序号填入括号中）

1. 使用砂轮时应戴（　　）。

A. 绝缘手套　　B. 安全帽　　C. 防护眼镜

2. 用于扑救油类设备起火的消防器材是（　　）。

A. 干式灭火器　　B. 二氧化碳灭火器

C. 泡沫灭火器　　D. 水

3. 通过（　　）可以不断提高电气工作人员的技术和操作水平。

A. 检查　　B. 培训　　C. 管理

4. 由一条常用线路供电、一条备用线路或保安负荷供电的用户，在常用线路与备用线路开关之间应加装（　　）。

A. 漏电保护器　　B. 过载保护装置

C. 闭锁装置　　D. 接地装置

5. 建筑工地的用电设备，如低压配电装置、低压电器和变压器，无人值班时，至少应（　　）巡视一次。

A. 每小时　　B. 每天　　C. 每周　　D. 每月

6. 夜间巡视检查时，应沿电气线路的（　　）行进，以保证安全。

A. 内侧　　B. 外侧　　C. 上风侧　　D. 下风侧

7. 遇有大风天气进行巡视检查时，应沿线路的（　　）行进，以免触及断落的导线。

A. 上风侧　　B. 下风侧　　C. 内侧　　D. 外侧

三、判断题（正确的打“√”，错误的打“×”）

1. 严禁酒后从事各种电气设备的作业。（　　）

2. 现场平台、扶梯、栏杆、孔洞盖板、照明、通道等安全设施不完善时，应禁用。（　　）

3. 严禁在油库、危险品库、制氢站等易燃、易爆区域内违章动火、吸烟。（　　）

4. 必须在安全可靠的场所点燃喷灯，严禁在带电和带油体附近点燃喷灯。（　　）

5. 定期检查的方法是全面调查，重点解决。（　　）

6. 电气设备的技术管理包括主要电气设备应有出厂资料、安装与调试资料、历次电气试验和继电保护校验记录，以及设备缺陷管理、设备事故分析等记录。（　　）

7. 用户应制定双电源操作的现场规程，指定专人负责管理并应定期学习和进行考核，以保证操作正确。（　　）

8. 两条以上线路同时供电的用户进行停电检修或倒换负荷时，可以自行操作。（　　）

9. 拥有自备发电机作备用电源的用户可以向电力系统倒送电。（　　）

10. 车间配电盘和闸箱内所用的熔体容量是与负荷电流相适应的，禁止使用任何金属丝代替熔体。（　　）

四、简答题

1. 简述管理制度检查中的反事故措施。

2. 什么是双电源用户？如何防止双电源用户在倒闸操作中发生误送电？

3. 简述建筑工地用电设备的安全作业要点。

4. 简述现场巡视检查的注意事项。

5. 什么是用电监察员？用电监察员的主要工作内容是什么？

§6-2 安全用电的宣传和人员管理

一、填空题（将正确的答案填写在横线上）

1. 开展________________、组织用户之间的________________是进行安全思想教育的有效措施。

2. 竞赛一般可由__________和竞赛单位的______________联合组织，并由参加竞赛的单位共同协商竞赛办法与条件，签订竞赛合同，开展竞赛。

3. 用电单位对其电气从业人员应________进行安全技术培训。

二、选择题（将正确答案的序号填入括号中）

1. 用电监察机构中负责收集、整理、积累和编印宣传资料，及时和有针对性地开展安全用电宣传工作的人员是（　　）。

A. 专职管理人员　　B. 专职宣传人员　　C. 专职巡查人员

2. 因故间断电气工作连续（　　）个月以上者，应重新学习有关安全操作规程，并经考试合格后，方可再上岗工作。

A. 3　　B. 6　　C. 9　　D. 12

三、判断题（正确的打“√”，错误的打“×”）

1. 为了保证安全用电，必须坚决禁止非电气从业人员进行电气操作。（　　）

2. 电气从业人员的登记、考核、发证工作，应由地方安全生产管理部门、电力部门联合组织实施。（　　）

四、简答题

1. 进行安全用电宣传的形式和组织方式有哪些？如何才能取得良好的效果？

2. 用电单位对电气从业人员进行的安全技术方面的培训一般应包括哪些内容？

§6-3　用电事故及其调查分析

一、填空题（将正确的答案填写在横线上）

1. 用电事故的分类方法繁多，可分别按__________、__________和__________等加以分类。

2. 按用电事故的严重程度及造成的经济损失可以把用电事故分为____________________、____________________、____________________和____________________四类。

二、选择题（将正确答案的序号填入括号中）

1. 为了对用电事故进行及时的调查和处理，凡用户发生影响系统跳闸、主设备损坏等重大用电事故时，应立即向（　　）报告。

A. 用户设备的负责人　　B. 当地电力部门用电监察机构

C. 上级主管部门

2. 公用线路上的用户事故，越级使变电站或发电厂的出线开关跳闸，造成对其他用户的断电事故是（　　）。

A. 用户影响系统事故　　B. 用户全厂停电事故

C. 用户主要电气设备损坏事故　　D. 用户人员触电死亡事故

三、判断题（正确的打“√”，错误的打“×”）

1. 20 kV 以下的用户配电变压器高压侧熔断器熔断或开关跳闸是用户影响系统事故。（　　）

2. 因用户内部事故造成一次电压在 6 kV 及以上的主要电气设备损坏，若没有影响生产，可不作为用户主要电气设备损坏事故。（　　）

3. 在事故现场由于用户处理不当而产生错误时，调查人员可以代替用户操作。（　　）

4. 电气从业人员需熟悉《全国供用电规则》及有关用电的规章、条例和制度，能主动配合搞好安全用电、计划用电、节约用电工作。（　　）

四、简答题

1. 在进行事故现场调查时，应根据事故本身的需要确定调查的内容，一般应进行哪些调查？

2. 简述事故调查中的安全措施。

3. 应如何进行用电事故的分析？

§6-4 用电事故的防范措施

一、填空题（将正确的答案填写在横线上）

1. 安全用电的指导方针是________、________、________。

2. ________________、________________应作为制订反事故措施计划和安全技术劳动保护措施计划的重要依据。

3. 各单位应建立和完善安全风险管理体系、应急管理体系、事故调查体系，构建__________、________、________的工作机制，形成科学有效并持续改进的工作体系。

4. 倒闸操作中，应认真执行________制和________制。

二、选择题（将正确答案的序号填入括号中）

1.（　　）操作中应认真执行四对照（设备的名称、编号、位置、操作方向）。

A. 倒闸　　B. 用电　　C. 接线　　D. 断电

2. 防误闭锁装置的万能解锁钥匙要妥善保管，不得随意使用，万能解锁钥匙要封存起来，并且由（　　）每天进行交接班。

A. 值班员　　B. 班长　　C. 操作员　　D. 值班调度员

三、判断题（正确的打“√”，错误的打“×”）

1. 施工企业应每年编制年度安全技术措施计划及项目安全施工措施。（　　）

2. 倒闸操作前应认真执行操作模拟预演，确保操作程序的正确性。（　　）

3. 工作票终结后，未拆除的接地线可以不用标注。（　　）

4. 直流系统的各级熔断器容量应统一，合理配置，保证在事故情况下不越级熔断而中断保护操作电源，使开关拒动作或备用电源不能自动投入。（　　）

5. 防止误操作事故时，接地线要按班移交，检修现场装设的接地线、接地刀闸要与接地线记录本上的信息相符，接地线要按规定编号，所装设接地线的地点要写明确。（　　）

四、简答题

1. 简述防止火灾事故的技术措施。

2. 简述预防全厂停电事故的技术措施。

3. 结合用电事故的性质与产生的原因，用电单位需要从哪些方面加强预防措施？

附录　电工考证相关题目摘录

一、选择题（将正确答案的序号填入括号中）

1. 电流通过人体最危险的途径是（　　）。

A. 从左手到右手　　B. 从左手到脚

C. 从右手到脚　　D. 从左脚到右脚

2. 两相触电时，作用于人体的电压等于（　　）。

A. 相电压　　B. 线电压　　C. 对地电压

3. 触电伤员若神志不清，应就地仰面躺平，且确保气道通畅，并用（　　）s 的时间呼叫伤员或轻拍其肩部，以判定伤员是否丧失意识。

A. 1　　B. 2　　C. 5　　D. 10

4. 10 kV 以下带电设备与操作人员正常活动范围的最小安全距离为（　　）m。

A. 0.35　　B. 0.4　　C. 0.6　　D. 0.5

5. 工作人员工作时，其与无安全遮栏的 35 kV 带电设备的距离要大于（　　）m，否则该设备要停电。

A. 0.6　　B. 0.7　　C. 1　　D. 1.2

6. 工作人员工作时，其正常活动范围与无安全遮栏的 10 kV 带电设备的距离要大于（　　）m，否则该设备要停电。

A. 0.6　　B. 0.7　　C. 1　　D. 2

7. 电力变压器内部的变压器油是（　　）绝缘。

A. 气体　　B. 液体　　C. 固体

8. 保护接地的原理是给人体并联一个小电阻，以保证发生故障时，（　　）通过人体的电流和承受的电压。

A. 增大　　B. 减小

C. 保持　　D. 以上都不对

9. 电力电缆终端接头的金属外壳（　　）。

A. 必须接地　　B. 在配电盘装置一端须接地

C. 在杆上须接地　　D. 不必接地

10. 重复接地的接地电阻要求小于（　　）Ω。

A. 0.5　　B. 4　　C. 10　　D. 55

11. 当工作接地的接地电阻不超过 4 Ω 时，每处重复接地的接地电阻不得超过（　　）Ω。

A. 4　　B. 10　　C. 30　　D. 20

12. 在保护接零系统中，中性线上（　　）装设熔断器。

A. 可以　　B. 不可以　　C. 以上均可

13. 中性点直接接地的三相四线配电系统中的零线是（　　）。

A. 中性线　　B. 保护线　　C. 保护中性线

14. 电气设备保护接地的接地电阻越大，发生故障时漏电设备外壳的对地电压（　　）。

A. 越低　　B. 不变　　C. 越高

15. 雷电按危害方式分为直击雷、感应雷和（　　）。

A. 电磁感应　　B. 静电感应　　C. 雷电侵入波

16. 雷电有很大的破坏作用，可损坏设备或设施，不属于其破坏作用的是（　　）的破坏作用。

A. 电性质　　B. 化学性质

C. 热性质　　D. 机械性质

17. 为了预防电气设备过热引发火灾，电气设备的额定功率要（　　）负载的功率。

A. 大于　　B. 小于　　C. 等于

18. 用水灭火时，水喷嘴至带电体的距离（35 kV 时）应不小于（　　）m。

A. 1　　B. 0.5　　C. 0.7　　D. 0. 6

19. 线路或设备发生短路故障时，产生的热量和电流的（　　）成正比。

A. 平方　　B. 立方　　C. 四次方

20. 电气设备过热有短路、过载、（　　）、铁芯发热和散热不良五种情况。

A. 接触不良　　B. 温度过高　　C. 电流过大

21. 灯泡上标有“220 V，40 W”的字样，其含义是（　　）。

A. 接在 220 V 以下的电源上，其功率为 40 W

B. 接在 220 V 电源上，其功率为 40 W

C. 接在 220 V 以上的电源上，其功率为 40 W

D. 接在 40 V 电源上，其功率为 220 W

22. 我们使用的照明电压为 220 V，这个值是交流电压的（　　）。

A. 有效值　　B. 最大值　　C. 恒定值　　D. 瞬时值

23. 熔断器内的熔体在电路中所起的作用是（　　）。

A. 过载保护　　B. 失压保护　　C. 短路保护

24. 手持电动工具应有专人管理，经常检查其安全性和可靠性，应尽量选用（　　）。

A. Ⅰ类、Ⅱ类　　B. Ⅱ类、Ⅲ类

C. Ⅰ类、Ⅲ类　　D. Ⅰ类、Ⅱ类、Ⅲ类

25. 对低压照明线路，其供电电压的允许变动范围为（　　）。

A. ±5%　　B. −10%~5%　　C. −10%~7%

26. 室外雨天使用高压绝缘棒时，为隔阻水流和保持一定的干燥表面，需加适量的防雨罩，防雨罩安装在绝缘棒的中部。当采用额定电压为 35 kV 的防雨罩时，装设的防雨罩应不少于（　　）只。

A. 2　　B. 3　　C. 4　　D. 5

27. 在带电设备周围进行测量工作时，工作人员应使用（　　）。

A. 钢卷尺　　B. 线尺　　C. 加强型皮尺

28. 工作票填写字迹要工整、清楚，符合（　　）的要求。

A. 仿宋体　　B. 规程　　C. 楷书　　D. 印刷体

29. 线路送电时，必须按照（　　）的顺序操作，停电时相反。

A. 断路器、负荷侧隔离开关、母线侧隔离开关

B. 断路器、母线侧隔离开关、负荷侧隔离开关

C. 负荷侧隔离开关、母线侧隔离开关、断路器

D. 母线侧隔离开关、负荷侧隔离开关、断路器

30. 操作票填写字迹要工整、清楚，提倡使用（　　）并不得涂改。

A. 圆珠笔　　　　B. 铅笔　　　　C. 红色笔

二、判断题（正确的打“√”，错误的打“×”）

1. 安全用电的基本方针是“安全第一，预防为主，综合治理”。（　　）

2. 电击是触电事故中最危险的一种。（　　）

3. 在发生人身触电事故时，为了解救触电伤员，可以不经许可自行断开有关设备的电源，但事后必须立即报告上级。（　　）

4. 发现杆上或高处有人触电，有条件时应争取在杆上或高处及时进行抢救。（　　）

5. 救护人可根据有无呼吸或脉搏判定伤员是否死亡。（　　）

6. 触电者若出现心脏停止跳动和呼吸停止，在场的电工抢救 5 h 后不能复活就可认定触电者死亡。（　　）

7. 跨步电压触电既属于间接接触触电，又属于直接接触触电。（　　）

8. 《电力安全工作规程》将紧急救护方法列为电气工作人员必须具备的从业条件之一。（　　）

9. 裸导线在室内的敷设高度必须在 3.5 m 以上，低于 3.5 m 不允许架设。（　　）

10. 开关电器的屏护装置不仅可以防触电，还可以防电弧伤人和电弧短路。（　　）

11. 同杆架设时，电力高压线路应位于低压线路的下方。（　　）

12. 雨天穿的胶鞋，在进行电工作业时也可暂时作为绝缘鞋使用。（　　）

13. 在中性点接地系统中，带有保护接地的电气设备，当发生相线碰壳故障时，若人体接触设备外壳，仍会发生触电事故。（　　）

14. 接地线应用单芯铜线，其截面积应符合要求。（　　）

15. 接地线必须用专用线夹固定在导体上。（　　）

16. 对运行中的漏电保护器，应定期进行检查，每月至少检查一次，并做好检查记录。检查内容包括外观检查、试验装置检查、接线检查、信号指示及按钮位置检查。（　　）

17. 漏电保护器的保护范围应是独立回路，不能与其他线路有电气上的连接。一台漏电保护器容量不够时，不能两台并联使用，应选用容量符合要求的漏电保护器。（　　）

18. 由于安装了漏电保护器，所以在金属容器内工作就不必采用安全电压。（　　）

19. 在装有漏电保护器的低压供电线路上带电作业时，可以不用戴绝缘手套和穿绝缘鞋等。（　　）

20. 手持电动工具（除Ⅲ类外）、移动式生活日用电器（除Ⅲ类外）、其他移动式机电设备，以及触电危险性大的用电设备，必须安装漏电保护器。（　　）

21. 应采用安全电压的场所，不得用漏电保护器代替，如使用安全电压确有困难，须经企业安全管理部门批准，方可用漏电保护器作为补充保护。（　　）

22. 保持防爆电气设备正常运行，主要包括保持电压、电流参数不超出允许值，保持电气设备和线路有足够的绝缘能力。（　　）

23. 爆炸危险场所，按爆炸性物质状态，分为气体爆炸危险场所和粉尘爆炸危险场所两类。（　）

24. 多尘、潮湿的场所或户外场所的照明开关，应选用瓷质防水拉线开关。（　）

25. 在有易燃易爆危险的厂房内，禁止采用铝芯绝缘线布线。（　）

26. 最好的屏蔽是密封金属包壳，其包壳要良好接地。（　）

27. 为了防止静电感应产生的高电压，应将建筑物内的金属管道、金属设备结构的钢筋等接地，接地装置可与其他接地装置共用。（　）

28. 发生严重危及人身安全的情况时，要先填写好倒闸操作票，再进行停电。（　）

29. 事故处理或倒闸操作中到了下班时间可以按时交接班。（　）

30. 巡视配电装置，在进出高压室时必须随手将门锁好。（　）

31. 值班人员必须熟悉电气设备，单独值班的值班人员或值班负责人还应有实际的工作经验。（　）

32. 变配电所操作中，接挂或拆卸地线、验电及装拆电压互感器回路的熔断器等项目可不填写操作票。（　）

33. 严禁工作人员在工作中移动或拆除围栏、接地线和标志牌。（　）

34. 为了保证导线的强度（3~10 kV 的线路），居民区铝导线的截面积应不小于 16 mm^2。（　）

35. 在所有导电金属中，铜导线的电阻最小，导电性能较差。（　）

36. 电动机是一种将电能转换为机械能的电气设备。（　）

37. 电动机外壳一定要有可靠的保护接地或接零。（　）

38. 电焊机二次侧焊钳的连接线应接地或接零。（　）

39. 电焊机外壳应接地或接零。（　）

40. 一般照明电源的对地电压应不大于 250 V。（　）

41. 事故照明装置应由单独的线路供电。（　）

42. 验电笔是低压验电的主要工具，用于 500~1 000 V 电压的检测。（　）

43. 有经验的电工在停电后作业，无须再用验电笔测试即可进行检修。（　）

44. 穿电工绝缘靴可防止两相触电。（　）

45. 进入高空作业现场，应戴安全帽。高处作业人员必须使用安全带。（　）

46. 变电所停电操作，在电路切断后的验电工作，可不填入操作票。（　）

47. 操作票的填写内容包括操作任务、操作顺序、发令人、操作人、监护人及操作时间等。（　）

48. 倒闸操作前，应首先核对将要操作设备的名称、编号和位置。（　）

49. 倒闸操作票应由值班负责人填写。（　）

50. 特别重要的和复杂的倒闸操作应由熟练的值班员操作，值班负责人监护。（　）

51. 对于操作熟练的值班员，简单的操作可不用操作票，而凭经验和记忆进行操作。（　）

52. 对于不带电的高压设备，值班人员可单独移开遮栏进行工作。（　）

53. 可以用三组单相接地线代替一组三相短路接地线。（　）

54. 电烙铁的保护接线端可以接线，也可以不接线。（　）

55. 停电检修要断开断路器和隔离开关的操作电源。 ( )

56. 已执行的操作票应注明“已执行”字样，作废的操作票应注明“作废”字样。这两种操作票至少要保存三个月。 ( )

57. 操作中若出现疑问，可更改操作票后继续操作。 ( )

58. 倒闸操作前，不必执行操作模拟预演。 ( )